岩波講座
物理の世界

光と風景の物理

岩波講座 物理の世界

地球と宇宙の物理 1

光と風景の物理

佐藤文隆

岩波書店

編集委員

佐藤文隆

甘利俊一

小林俊一

砂田利一

福山秀敏

本文図版

飯箸　薫

まえがき

いまから70年,80年さかのぼると,地震,地磁気,気象,海洋といった地球現象は物理学の重要な対象であった.たとえば,「ウィルソンの霧箱」として本書にも登場するC. T. R. ウィルソン(1869年生まれ)はタウンゼント(1868年生まれ),ラザフォード(1871年生まれ)と同じころにケンブリッジ大学のJ. J. トムソンのもとで研究した.トムソンが掲げていた「気体中のイオン」というテーマから放電管のタウンゼント,原子核・放射線計測・加速器のラザフォード,霧・雲粒や雷などの大気電気学のウィルソンが巣立ったのである.デスクトップの放電管,測定器,加速管などの装置内部の現象と地球大気中の現象が同じ視点で研究されたのである.ウィルソンは1927年に,コンプトンとともに,ノーベル物理学賞を受賞している.日本では寺田寅彦(1878年生)が東京大学物理教室でおくった時代がちょうど地球の物理が物理学から分離していく時代と重なっている.

現代の地球物理は固体地球(プレート,地震,火山など),海洋,大気・気象,電離層・地磁気・太陽風,などの専門に分かれて高度化している.また,地球を他の惑星と比較して考察する惑星科学が盛んになり,それはさらに星形成や惑星起源などの天文学に結びつく方向を向いている.このようにつぎつぎと対象を拡大していく流れをみると,もうこの地球の身近な現象はすべて解明されたかのように錯覚しがちである.しかし,人間や生物を地球に登場させると不思議な出来事はまだまだ尽きていない.

われわれの世界像は空間があってそこに物質が配置されている，というものである．これは，たぶん，生物の進化の中で，基本的には視覚に訴える風景からかち取られたものであろう．そして，そのことを近代化の中で自分の中に発見してきたのだと思う．視覚研究の多くはこれまで感覚生理学と心理学からなされるものであり，これらが脳の科学として統合されつつあるのが学界的な研究の現状のようである．しかし，本書はその流れとは無関係である．

　本書の目的は，「わかってるはずである」という他人任せで，実際には誰も研究したり，解説したり，勉強したりしなくなっている，風景と光の物理を読み解く基礎を記述することである．科学の高度化が確実に殺してきた自然に対する好奇心の再生に寄与できないかと願っている．

　風景をめぐる課題を序章で概観し，第1章で地上の太陽光の環境と人間の視覚・視認識をみ，第2章ではエアロゾルや雲粒などの大気科学について述べる．つぎに第3章で，光と物質の作用の物理学を復習し，最後に第4章で大気での光のふるまいに適用した簡単な計算例を述べる．

　簡単な物理の基礎原理との結びつきに重点を置いたので，現実の説明としては強引な記述もあるが，本書の趣旨からご容赦願いたい．最後に，本書を書いていて考えるようになった，狭義の物理学を越えた，新しい学問の可能性について終章でふれる．

　2002年7月

佐藤文隆

目　次

まえがき

序章　空気中での視界 ………………………… 1

1　光環境と視覚 ………………………………… 11
   1.1　照度と光子流束　11
   1.2　大気と太陽光　14
   1.3　大気の透明度　16
   1.4　目のはたらき　20
   1.5　ウェーバー–フェヒナーの法則　24
   1.6　「現」視と錯視　26

2　大気中の水とちり ……………………………… 28
   2.1　地球と水　28
   2.2　大気中の水蒸気量　30
   2.3　エアロゾル　32
   2.4　水滴への凝結　34
   2.5　水滴の成長　36
   2.6　雲の分類　37
   2.7　雲はなぜ落ちない　39

3　レイリー散乱とミー散乱 ……………………… 43
   3.1　束縛された電子によるレイリー散乱　43
   3.2　分子の分極率と光の屈折率　45
   3.3　幾何光学と散乱波　46
   3.4　散乱振幅　53
   3.5　ミー散乱　56

4 大気中の光環境 ・・・・・・・・・・・・・・・・・・・・ 62
- 4.1 大気による散乱光　62
- 4.2 散乱光推定の簡単なモデル　67
- 4.3 計算例　71
- 4.4 視　程　74
- 4.5 青空の偏光　77
- 4.6 雲の物理シミュレーション　80

終章　風景と人間 ・・・・・・・・・・・・・・・・・・・・ 85

参考文献　91
索　引　95

序章
空気中での視界

　昔の白黒の天体写真はどこか真実味を感じさせたが,「おれはだまされないぞ」という思いが先立つせいか, 最近の天体写真には真実味が湧かない. あの色付けは, 本来は, 円グラフを色分けして描いて情報表現の効果を上げるための手法なのである. ところが, 受け取るほうは, われわれの眼前に展開されているカラフルな戸外や町並みの風景, 山河や雲の風景のような「真実」の姿だと「だまされて」しまう. 実際, ハッブル宇宙望遠鏡のあの華麗な天体写真の色付けは, その時々の社会のムードをも考慮して, 風景的鑑賞効果を上げるようにカラーコーディネートされている, などと聞くと, いっそう「だまされないぞ」という思いが強くなる.

………**変化する風景**
　それでは「眼前に展開されている風景」は真実なのであろうか？　数 km 先の山肌が見える風景の定点観測をしてみよう. 風景は一日のうちでも刻々と変化する. 雨やもや(靄)で見え隠れする以外に, 同じ晴天であっても, 木々や地肌がその色で識別可能のときもあるが, うっすらと一様な青い色紙細工のように

見えることもある．日本の地形変化のサイズが，同じものがこうした多彩な姿に見えることを可能にしているのである．変化が数 km のサイズより小さい街頭風景やこれより大きい砂漠の風景ではこうはならない．日本文化ではこういう風景が山紫水明として好まれている．

このように眼前の風景じたいも，太陽光の方向や，気象や，雲や，空気の組成，などによって，目まぐるしく変化しているのである．明るさも，色付けも，解像度も，変動している．「この風景はこれだ」という 1 つの真実があって，それが霞んで見えたり，着色されたりしているわけでもないのである．

………太陽光と人間

太陽の光あふれる地球環境を十分に活かして，人間は発生し，進化し，生存し，社会生活している．太陽光による大気圏の物理的環境への影響については，およそつぎのような太陽光の作用が科学としてよく研究されている．すなわち地表面，大気，海での

　熱　　源 … 温室効果の熱源
　物質移動 … 気象現象などの物質移動・循環を駆動する動力源
　光 合 成 … 生物のエネルギー源

といった作用である．いろいろな教科書をみてもだいたいこれらをテーマに記述されている．

他方，人間にとっては，五感のなかでも視覚が意識生活の中でもっとも卓越しているといえる．朝な，夕な，われわれは光に溢れた風景の中で生活している．熱源，物質移動・循環，光合成といったことは，動物としての最低の生存条件を保障する太陽光の働きでしかない．それに対し，視環境こそが人間の意

識生活を芽生えさせたものであり，DNAの記憶と視覚の共同作用によって，われわれの意識生活は支えられていると考えられる．人類の長い歴史をとれば，こういう視覚を支えた光源は太陽光，月光，星明り，雷，炎，火事などの自然光である．とくに画像的な光環境を用意するのは太陽光である．想像を逞しくすれば，人間の意識作用の形成には視覚でとらえられる風景の姿も大きな影響を与えたと考えられる．

············大気の透明度：縦と横

　大気上空に到達する太陽光が同じでも風景が大きく変化するのは大気と光の物理的相互作用のためである．この大気の透明度について気づかせてくれる観察を思い起こしてみよう．

　江戸の風景画にはよく富士山が登場している．それは「富士見台」などといった今日の東京の地名にも痕跡を残している．いまも冬の乾燥した朝などには，日頃は白っぽい空である方向に大きな富士山の姿を見出しておどろくことがある．遮る建物がないのに日頃は見えないのである．途中に遮るもののない孤立峰でも地球が球であるために見えなくなる限界距離がある．この距離は高さ h の山で $\sqrt{2h \times (\text{地球半径})}$ である（(4.16)式参照）．高さ 3776 m の富士山なら約 200 km 離れていても遠望できるはずだが，約 100 km の東京から富士山を遠望できる機会はめったにない．

　これは，東京と富士山のあいだに横たわる大気が視界を遮っているためである．大気といっても窒素や酸素という空気の主成分は変わるはずがない．そういう分子大気へのわずかな「混ぜ物」によって視界に大きな差が生ずるのである．水蒸気，エアロゾル（ちり），雲粒などの「混ぜ物」のていどは，重量比で，

10^{-3}（水蒸気）から 10^{-7}（都市のエアロゾル）である．

············空気の色

　今度は地上から上を見てみる．昼は分子大気によるレイリー散乱（第3章参照）で生じた背景光が邪魔して星は見えない．昼は強い空気の色が邪魔している．しかし，夜になると月や星が見えるから大気じたいは十分透明なのである．日食で星が見えだすこともこのことを悟らせる．昼でも星の光がきているのに，昼間に星が見えないのは人間の目での情報処理のせいである．青空の強力な背景光にうもれた星のシグナルを検出する能力をもつようには処理システムがつくられていないのである．

　注意深く観測すると，満月に近い時には月の反射光が強いので青空の後ろに昼でも月が白く見えるときがある．平均して月の輝度は青空の輝度の2割近くもあるから，うまい角度だとうっすらと昼でも月が見える．また上昇中の飛行機が青空の中に吸い込まれて見えなくなっていくのもよく目にする．これらの事実は散乱と散乱のあいだに光が走る長さと大気の高さ（10 km 弱）とが大きく違わないことを意味する．暗い星は隠すが，月は透けて見えるということは，この青空のベールがそう薄くも，そう厚くもないことを教えている．先に述べた日本の「変化する風景」を演出する地形変化の「数 km のサイズ」はこのことと関係している．

　富士山を遠望するときの「横の透明度」は「混ぜ物」で決まっている．しかし「混ぜ物」は 1〜2 km の低空にのみ分布してるから，昼の月を見るさいの「縦の透明度」は厚さ 10 km 近くもある分子大気で主に決まっている．東京からの富士山の遠望には 100 km 厚さの間にある「混ぜ物」による「横の透明度」が

問題となるが，上空を見るさいの「混ぜ物」の厚さは 1 km にすぎない．

………… 光の波長と粒子のサイズ

「混ぜ物」と光の作用についてはつぎのような観察が教訓的である．すこし曇った日に野原で焚き火をしたとする．煙を横から見ると，黒っぽい森を背景に煙は青っぽく（紫色）見える．つぎに目をあげて明るい雲を背景に立ちのぼった同じ煙をみると，煙は赤（茶色）く見える．これは煙の粒子が可視光波長（0.38〜0.78 μm）より十分小さいためで，レイリー散乱による青空（散乱光）と夕焼け（透過光）の関係で理解できる．青空やコロイドでの光の散乱現象を発見したチンダル（John Tyndall, 1820〜1893 年）はこの観察に動機づけられたという．

今度は煙草．「紫煙をくゆらす」とか言うように煙草から出る煙の散乱光は青っぽく見える．煙の粒子サイズが波長以下なのでレイリー散乱されたためである．つぎに，煙をしばらく口の中において吐き出した煙の散乱光は白色である．これは煙の粒子に水蒸気がついて口の中で大きくなって，波長より大きなサイズに成長したためである．可視光の波長より大きい微粒子はどの波長の光もわけへだてなく散乱するミー散乱（第 3 章参照）である．このために太陽の白色光がそのままの色で見える．口の中の水蒸気でちょうど光の波長をまたいで粒子サイズの成長が起こったのである．これは大気中の「エアロゾル」に水蒸気がついて白雲の雲粒になったようなものとみなせる．

………… 自然光とものの色

ものの色とは何をいうのか？　これは結構複雑な質問である．

自ら発光する燃焼や流星や雷やオーロラなどを別にすれば，地上で見る自然光の大半は太陽光の反射光である．地上の「太陽光」には太陽方向からの直進光と散乱光が含まれ，後者はレイリー散乱と「混ぜ物」によるミー散乱によって生ずる．曇り空のもとでは直進光がなくても散乱光は十分存在する．このときの影は，直進光のもとでのくっきりした影と違って，ぼんやりしたものになる．散乱光はさまざまな方向に進んでいる．

　反射光はその物体の表層での電磁波と物体の作用できまる．たとえば，緑色植物が緑色なのは光合成のために赤い部分の光が吸収され，白色から赤を差し引いて反射光が緑色になるためである．すなわち本体に無関係の波長域の色になる．緑色植物にとって緑はどうでもいい色だから緑色をしているのである．赤い光を吸いとってしまったから植物は涼しさを感じさせるのである．

　物体の反射率は，人工照明下の色彩デザインや人工衛星からのリモートセンシングにとっては大事な量であり，最近は詳細に調べられている．とくに風景に関係する自然物や建造物の反射率は，反射波によって環境監視，資源調査，偵察などをおこなうリモートセンシングでの重要な物理量である．

………「青い山脈」

　遠景の風景の色の場合はもうすこし複雑である．たとえば，山並みが幾重にも重なっている遠方を見ていると，手前の山には緑の樹木や地肌が見えるが，遠方の山は一様な青になり，より遠くになるほど薄い青になる．水彩画を画く時には無意識にそう画いている．幾重にも山並みが重なっているときは息を呑むほど美しいコントラストを見せる．

この効果は，レイリー散乱光の重なりとして理解できる．「混ぜ物」が少なく，「横の透明度」がおもに分子大気できまっている空気のきれいな場合に見られる現象である．山から目までのあいだの大気が青色に「発光している」という認識が大事である．空気が色づいているのである．このために遠景はこの空気の背景放射に薄められて青空と山のコントラストが小さくなる．そして山は青色散乱光の若干少ない部分となるので淡く感じられる．そしてさらに遠方だと青い背景放射に完全に吸い込まれて山は見えなくなる．こうした感覚は単純な物理作用ではなく，物理的情報を視覚で処理する認知のしくみにも関係している．

………「見える」とは

　どんな景色がどう見えるかは光量や視角の大きさといった物理的情報だけで決まるものではない．人間の視覚認知のしくみとも関係している．視覚を光検出器に例えれば人間の場合は光量のダイナミックレンジ（装置が有効に働く物理量の幅）が約 10^7 にも及ぶ．そしてその範囲が晴天の昼の明るさと新月の星空での明るさにほぼ一致していて，地上の光環境によく合っている．

　この大きなダイナミックレンジは大光度でのカラー測定をおこなう錐体（cone）と弱光度でモノクロ測定をおこなう桿体（rod）という網膜にある2種類の視細胞による光量子検出器で達成されている．視細胞による光子の検出は細胞でのメカニズムで約 10^6 倍にも増幅され，電気信号となって脳に伝わり視覚認識となる．電気信号になるまでの構造や機構は宇宙観測の検出器などとも共通点が多いが，脳におけるその情報の処理は観測データの処理と単純には比較はできない．

　人間の目に景色が「見える」とは視界の画像の中にそのもの

を認識することであって，単純に光源の所在を確認することとは違っている．宇宙観測との類推でいえば，ある目的をもった画像観測に当たる．例えばカラー画像のためには波長に分けた分光観測が要るから相当の光量が必要である．暗い天体の観測では長時間の露出でこれを補う．ところが，視覚では情報の蓄積時間が限られている．さらにいくつかのビルトインされている画像処理法が作動して，瞬時に処理される．これらはさまざまな視覚の認識や心理に挑む脳科学の課題である．

　ゲーテのニュートン光学の批判を待つまでもなく，色彩という現象は物理的存在である光と人間の脳が共同で織りなす現象である．その意味では色彩を波長と振幅で全部記述できると考えるのは単純であろう．むしろ人にビルトインされた物理情報の処理法を決めた原始人の生活経験において雲や自然物が織りなす風景がどんな役割を果たしたかに興味が湧く．このテーマは本書の範囲外である．

············散乱とコヒーレンス

　1個の原子・分子と放射の相互作用は知られているとして，それらが集団としてどうふるまうかは光学の課題である．レンズのような透明物質の場合には，原子間距離が波長に比べて十分短く（10^{-3}），相互作用の効果は誘電率（屈折率や吸収率）という物性値にまとめて表現されている．そこでは入射波で誘起された散乱波の波面がコヒーレントに合成されるために，放射の進行方向はバラバラにならず一体として伝播し，勝手な方向への散乱は無視できる．しかし，完全なコヒーレント合成なら青空は現われない．昼でも星が見えるはずである．

　他方，散乱体（原子・分子，エアロゾル）の密度が十分小さく

て平均間隔が波長近くなれば波面形成のコヒーレントさは失われて，作用は個々の散乱の和となる．地表での大気分子の間隔は波長の数十分の1であって微妙な場合にあたる．大気上空での密度は低いから完全に非コヒーレントな散乱になる．また密度にゆらぎがあればそれが非コヒーレントな散乱に寄与する．これはチンダル現象と呼ばれる．青空をつくっているのはレイリー散乱のチンダル現象である．エアロゾルなどの平均間隔は波長に比べて十分長いからやはり非コヒーレントな散乱になる．大気は両方の側面を有しており注意する必要がある．

………… ミルクは多重散乱で白い

コップの水にミルクを1滴落として透かしてみると，淡く茶色がかって見える．これは煙による透過光が茶色になるのと同じ原因である．したがって不思議なのは，煙のように，「何故，ミルクの反射光が青色でなく白色なのか？」である．ミルクは光の波長よりは小さな微粒子から成りたっており，反射光はレイリー散乱で青味を帯びるべきでないのか？　という疑問である．たしかに，青空はこの理屈で理解できた．

大気とミルクの差は光がその中で経験する散乱の回数の差にある．大気では太陽光の一部が散乱されるだけで，1回散乱された光がその後何回も散乱を経験するなどという事象は無視できる．それに対してコップのミルクでは光は，入ってから出てくるまで，散乱を何回も経験する．この場合には散乱でいったん直進方向から外れた光がその後の散乱でふたたびもとの方向に戻ることも起こる．このため，個々の微粒子による散乱の波長依存性が均されてしまってみえなくなり，昼光色のもとでは白色に見えるのである（第4章で多重散乱の簡単化した例で説明

する).

　だから，ミルクが白いことと雲が白いことの理由はまったくちがう．白雲での散乱も多重散乱であるが，雲の微粒子は光の波長より大きく，散乱の波長依存性は微粒子段階ですでに存在しない．これに対して，ミルクの微粒子は"色づく"のに，多重散乱が起こる集団になると色が失われるのである．冒頭に述べたように水に薄めたミルクでは多重散乱が起こらなくなったので，透過光が茶色に"色づく"のである．

1
光環境と視覚

 風景の視界は太陽光が大気中に作り出す視環境と人間の視覚によって形成される．まず，太陽光とそれと作用する大気の特性について基本となる物理量を提示する．つぎに，人間の視覚の生理と心理については厖大な研究があるが，物理屋からみて興味のあるいくつかを概観する．

■1.1　照度と光子流束

 いろいろの視環境での明るさは図 1.1 のようである．ここでの明るさの単位は**照度**と呼ばれる．単位は**ルクス**(lx)である．照度は着目するある面上にどれだけの光が降り注いでいるかを表わす．他方，類似の単位である**輝度**は着目するある面がどれだけの光を出しているかを表わす．照度は「入ってくる」，輝度は「出ていく」，に関わる．「出ていく」には電灯やテレビ画面のように自ら発光する場合と，入ってきた光が反射される場合がある．反射の場合は輝度は照度に比例する．

 明るさとはあるスペクトルをもったエネルギーの流量にすぎないのであるが，「明るさ」独特の用語が関係の業界では用いら

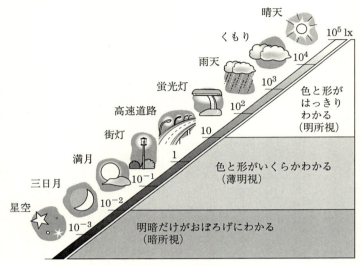

図 1.1　いろいろな視環境での照度

れている．そこで基礎になるのはキャンデラ（cd, candela）である．これは点光源からの立体角あたりのエネルギーの流れを測る単位であり，SI 単位との関係はつぎのようである．

$$1 \text{ cd} = \frac{1}{683} \text{ W sr}^{-1} = \frac{1}{683} \text{ J s}^{-1} \text{ sr}^{-1} \tag{1.1}$$

これを用いると輝度の単位は $[\text{cd m}^{-2}]$ である．立体角について積分した量は光束と呼ばれ，単位はルーメン（lm）である．この lm を用いると照度 lx は

$$1 \text{ lx} = 1 \text{ lm m}^{-2} = \frac{1}{683} \text{ W m}^{-2} = 1.47 \text{ erg s}^{-1} \text{ cm}^{-2} \tag{1.2}$$

人間の視覚の波長域は 380〜780 nm（ナノメートル）である．この可視感覚の比視感度曲線は図 1.2 のようである．最大値と

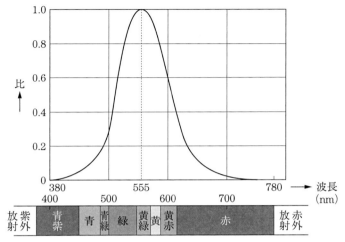

図 1.2　比視感度曲線

なる波長は 555 nm である．

　前記の「明るさ」のエネルギーの流れはこの可視光域の放射の流量である．放射は波長 λ で決まるエネルギーをもつ光子の流れでもある．1 個の光子のエネルギーは，プランク定数 h を用いて，つぎのようである．

$$\varepsilon = h\frac{c}{\lambda} = 3.7 \times 10^{-19}\left(\frac{0.5\ \mu\mathrm{m}}{\lambda}\right)\ \mathrm{J} \qquad (1.3)$$

したがって，いま M lx の照度をこの平均的エネルギーの光子流で表現すれば

$$f = 4.1 \times 10^{15}\left(\frac{\lambda}{0.5\ \mu\mathrm{m}}\right) M\ \mathrm{m}^{-2}\,\mathrm{s}^{-1} \qquad (1.4)$$

　いま，M lx の明るさでどれだけの光子数が人間の視覚に関与しているかを概算してみる．視覚の時間分解能を Δt，瞳孔の面積を S，網膜に到る光線の立体角を Ω と書いて，光子数は

$f \times \Delta t \times S \times \Omega/4\pi$ となる．

$$10^7 \left(\frac{\Delta t}{1\text{s}}\right)\left(\frac{S}{10^{-5}\text{ m}^{-2}}\right)\left(\frac{\Omega}{10^{-2}\text{ sr}}\right)\left(\frac{\lambda}{0.5\ \mu\text{m}}\right)M \text{ 個} \tag{1.5}$$

あるいは視細胞1個は μm のサイズだから断面積は $S \sim (1\ \mu\text{m})^2 = 10^{-12}\text{ m}^2$ のオーダーである．したがって照度 M lx のもとでは，1秒のあいだに，1個の視細胞をおおよそ M 個の光子がヒットすることになる．ただし，光の通過する角膜，水晶体や硝子体などの吸収率，また視細胞の形状など，ヒット数の正確な推定には複雑な要素が絡んでいるから，前述の推定値はあくまで概数である．

■1.2 大気と太陽光

図1.3は戸外における夕方，落日前後の照度の時間変化である（中緯度で，春秋の平均的な場合）．月のない新月の場合は，照度は約 10^8 倍も変化する．戸外における照度の光源は，もちろん，昼間は太陽であり，夜間は月か，月が出ていなければ，星光と夜光である．雲がなければ，新月でも太陽光下の 10^{-8} の明るさがある．また，人間の視覚能力は戸外における照度の自然変動の範囲とほぼ一致している．人間は地球表面の光の環境で進化した証拠である．

地球公転軌道での太陽の光束は**太陽定数**と呼ばれる．正確にはこれは大気頂点（TOA）での値であり，光線に垂直な面に対して $E = 1368$ W m^{-2} である．このエネルギー流を単純に照度になおすと $1368 \times 683 = 934344$ lx となる．図1.1をみると，この値は「大気底」での昼間の最高の照度 10^5 lx の約9倍である．この太

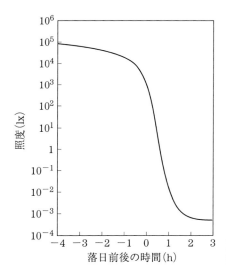

図 1.3 落日前後の照度の時間変化. 晴天, 新月時.

陽定数は光線に垂直に置いた面の照度であるが, 地表面は入射方向に対して一般には傾斜している. この傾斜角 θ は地球上の緯度, 季節, 時刻(ある日の)に依存して決まり, 照度は $E\cos\theta$ となる.

地球表面の多くの現象は太陽光をエネルギー源として起こる. この観点でいえば太陽光の照射を直接受けている地域だけでなく, エネルギーは温室効果, 風, 海流といったいろいろのメカニズムでさまざまな地域に移送される. この意味では地球全体が受けとる量を全表面積で割り算した単位面積あたりのエネルギー供給

$$\frac{\pi R_{\rm E}^2 E(1-R)}{4\pi R_{\rm E}^2} = 342(1-R) \text{ W m}^{-2} \qquad (1.6)$$

が重要になる. $R_{\rm E}$ は地球半径, R は吸収されずに宇宙空間に反射される割合で**アルベド**(albedo)と呼ばれる. もしこのエネル

ギー供給で地面が加熱され,黒体放射の熱放射と釣り合うとすれば

$$\frac{E(1-R)}{4} = \sigma T_\mathrm{E}^4 \qquad (1.7)$$

が成り立つ.σ はボルツマン-シュテファン定数である.アルベドを $R=0.3$ と取れば,$T_\mathrm{E}=255\,\mathrm{K}=-18℃$ となる.しかし,実際には大気中の温暖化ガスによって選択的な波長の放射に対して不透明なので温室効果によって大気を含む地表の平均温度は約 20℃ にまで高まっている.このことは「地球温暖化」問題の基礎知識として広く知られている.

■1.3 大気の透明度

ほとんど真空の宇宙空間を通過して大気頂上に達した太陽光は大気との作用を経て地表の光環境をかたちづくる.大気層は高さ約 8 km まで密度はほぼ一定であり,物質厚さ($1.3\,\mathrm{kg\,m^{-3}} \times 8\,\mathrm{km} \sim 10^4\,\mathrm{kg\,m^{-2}} = 10^3\,\mathrm{g\,cm^{-2}}$)は約 $1\,\mathrm{kg\,cm^{-2}}$.この物質厚さは水深 10 m にあたるが,水の場合は反射,屈折は大きいが,散乱は大気にくらべて小さい.密度の小さい大気ではレイリー散乱が大きく青空となる.この散乱断面積は,可視光域で,$\sigma_\mathrm{R} \sim 6\times 10^{-30}\,\mathrm{m}^2 \sim \sigma_\mathrm{Th}/10$ であり,光の平均自由行程 ℓ_R は,地表での分子数密度は $N \sim 2\times 10^{25}\,\mathrm{m}^{-3}$ であり,

$$\ell_\mathrm{R} = (N\sigma_\mathrm{R})^{-1} \sim 8\,\mathrm{km} \qquad (1.8)$$

ここで σ_Th は電子散乱のトムソン散乱断面積.ℓ_R は大気の高さと同程度であり,多重散乱が優勢になる状況にはない.

大気は一定組成の分子と地域や季節で変動するエアロゾルや

水蒸気といった「混ぜ物」から成る．分子大気の密度は $\rho_\mathrm{d}=1.3$ kg m^{-3}，雲での典型的な雲粒重量密度は $\rho_\mathrm{c}\sim 0.5$ g m^{-3}．水の比重を $\rho_\mathrm{w}\sim 1$ g cm$^{-3}=10^6$ g m^{-3} と書けば，半径 a の雲粒の個数密度は $N_\mathrm{c}\sim\rho_\mathrm{c}/(4\pi\rho_\mathrm{w}/3)a^3$．したがって，ミー散乱による平均自由行程 ℓ_M は

$$\ell_\mathrm{M} = \frac{1}{N_\mathrm{c}\pi a^2 K} = \frac{4}{3}\frac{\rho_\mathrm{w}}{K\rho_\mathrm{c}}a \sim 10\text{ m}\left(\frac{1\text{ g m}^{-3}}{K\rho_\mathrm{c}}\right)\left(\frac{a}{10\,\mu\mathrm{m}}\right) \tag{1.9}$$

ここで K は後でミー散乱の理論でみるように，$K\sim 1$ のオーダーの係数である．ℓ_M は雲のサイズよりは小さいから，雲の中での雲粒による散乱過程は多重散乱になる．

上の(1.9)式は，たとえば水蒸気の量は同じとして，それがどのサイズの粒子に凝結するかで，透明度がどう変化するかを教えている．ℓ_M は a に比例するから，数少ない大きな粒子に凝結したほうが透明度はよくなる．いっぽう，水蒸気がすべて水滴に凝結するとすれば，その数は凝結核の個数密度 N_N できまる．したがって

$$\ell_\mathrm{M} = \frac{0.82}{K}\left(\frac{\rho_\mathrm{w}}{\rho_\mathrm{c}}\right)^{2/3}\frac{1}{N_\mathrm{N}^{1/3}} \tag{1.10}$$

となり，N_N が大きいと不透明度は高まることがわかる．霧やもやがこれにあたる．

………散乱と吸収

分子大気の効果はレイリー散乱と吸収加熱である（衝突に伴う光子から原子へのエネルギー稼動は 10^{-9} 以下である）．光子の吸収で原子・分子が励起されても，つづく脱励起で元に戻れば光子の方向を変える散乱が起こっただけで，放射から物質への

エネルギーの移動は起こらない．放射による物質の加熱が起こるには，励起状態からの脱励起が粒子衝突で起こり光子のエネルギーが励起状態を仲介として粒子の運動エネルギーに転化しなければならない．それには励起状態からの自然遷移時間が長いほうがよい．このため，加熱には，電子状態の励起よりは振動や回転といった分子運動状態の励起が関与する．

いま，成分の変動する「混ぜ物」がゼロである仮想的な大気を想定し，分子成分による太陽光に対する影響をみてみる．図1.4は太陽光スペクトル分布を大気頂上と地表とで比較表示したものである．「大気頂上」での曲線とその下にある滑らかな曲線のあいだの成分はレイリー散乱によって消散したもので，短波長成分がより多く削り取られている．この部分は直進光からは削られたが同じ波長の散乱光として大気中に存在している．吸収

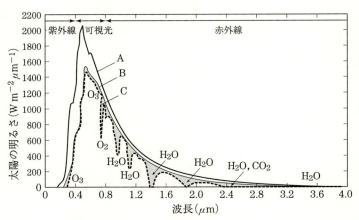

図1.4 太陽の明るさ．一番の上の太線Aは大気頂上(TOA)．その下の細線Bは分子大気のレイリー散乱で消散したもの．一番下の破線Cは吸収を受けた地上でのもの．AとBの間が散乱光となった．BとCの間は吸収された放射．

ではなく「消散」(extinction)と呼んだのはそのためである．スペクトルを虫食い状態にしてるのは分子による吸収であり，これの一部は加熱に寄与する．消散で削られているのが約 12％，吸収によるものは約 20％ である．

分子大気，「混ぜ物」のいずれも可視光に対する作用は散乱が主である．「混ぜ物」には吸収に寄与するのも一部ある．そして散乱の平均自由行程 ℓ_R や ℓ_M はいずれも分子衝突の平均自由行程 ℓ_A にくらべれば桁違いに長い．分子衝突の断面積は $\sigma_A \sim 10^{-18}$ m^2 だから，$\ell_A \sim 10^{-7}$ m の程度である．すなわちレイリー散乱の断面積は分子衝突の断面積より 10^{-10} 以上小さく，原子核の幾何断面積程度に小さい．

比較的軽い元素である大気分子では吸収線はおもに紫外から X 線にかけて存在し，可視光域にはほとんどない．紫外域は上空約 20 km のオゾン層で吸収される．吸収は主に分子の振動，回転モードの励起による．赤外域の吸収は水の分子で大きく，水中では急激にスペクトルから削られて青味をおびてくる．また水辺に涼感があるのもこのためである．

………… 生物による炭素の固定化

宇宙の元素組成は大まかにいえば軽い元素のほうが重いものより多い．大気の組成をこれと対比させれば水素，ヘリウムが蒸発で消失し，炭素が光合成という生物作用で固定されて気体としてはほとんどなくなっている．したがってつぎの窒素，酸素が大気にも多いのは順当である（酸素は酸化でやや減少）．宇宙の元素組成である低温の星間空間と比較すると，そこでは炭素が塵（ちり）として光に大きな影響を与えている．第 3 章で述べるミー散乱，図 3.2 で $x \sim 1$ 付近の $K \propto \lambda^{-1}$ の波長依存

性を示すあたりが効いている．そのため銀河面に沿った方向の星については光の赤化が起こる．10光年の星までの物質厚さは 10^{-22} g cm^{-3}×10 光年～10^{-3} g cm^{-2} で，地球大気の厚さより 10^{-6} も小さい．だから水素原子によるレイリー散乱はみられない．それにもかかわらず，赤化が十分起こるのは炭素がほとんど塵で浮遊しているからである．星間物質と違って，地上では炭素の大半は生物作用で固定されている．このことが空気の透明性を保っているのである．

「火星の夕焼けはなぜ青い」かもこれと関係する．外から見て「火」のように輝くのは火星大気の塵による散乱・吸収のためである．夕焼けはこの赤部分が削除されるので青く見えるようである．分子大気が薄くてレイリー散乱はみられず，おもに塵が光の散乱に寄与する．塵は沈殿しても昼の日光照射で発生する対流でふたたび巻き上げられるもので，着色はミー散乱と吸収による．炭素系の宇宙塵がもうもうと吹き上げている光景を想像するとよい．これを生物的に固定しないとこういう塵の世界になるのである．

■1.4 目のはたらき

ヒトによる風景の認識は放射の強度分布だけでは決まらない．物理的な放射が幾何光学的に瞳孔から入って眼球内を伝わり，網膜の視細胞が量子的に光子（フォトン）としてこれを吸収する．このイベント情報を視細胞は電位変動に変え，電気信号として脳に伝える．外部から入って，角膜，水晶体（レンズ），ガラス体と進んで幾何光学的に網膜に達するのは約10％である．図1.5のように網膜には色彩を分別する錐体と単色用で明暗のみを識別

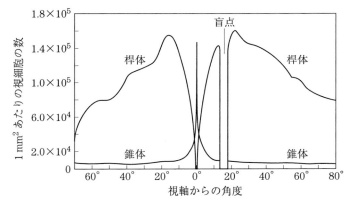

図 1.5 網膜(左眼)上の視細胞,桿体と錐体,の分布.

する桿体の二種類の視細胞が違った空間分布で配置され,その中のロドプシン(たんぱく質と視物質の組み合わさったもの)などという視物質で光子を量子的に検出する.

　視細胞による光子の吸収につづいて細胞内では一連の複雑な作用によって細胞膜のイオン(Na^+)濃度調整の穴(イオンチャネル)が閉じられ,細胞が一時的に 1 ミリボルト程度の過電位になる.1 個の光子とイオンチャネルの開閉はデジタル的に結ばれている.約百万分の一秒という時間で光子は量子的に計数され,この過程で約 2×10^5 倍の信号エネルギーの増幅がある.この増幅があるために網膜の 50 μm^2 に同時に 5〜8 個くらいの光量子があたれば,光として感じることができる計算になる.イオンチャネルの開閉はデジタル的だが,過電位はそれらの時間的な集積で神経線維を伝わるインパルスとなるから,アナログ的なふるまいとなる.またここで光量と電位の関係が線型でなく,電位は光量の対数に比例する.これは,視覚の生理や心理の研究で知られていたウェーバー–フェヒナーの法則の分子レベ

ルでのメカニズムと考えられている.

………エネルギー供給

　視細胞の電位変動は双極細胞へ伝えられ，網膜の領域ごとの検出情報が神経節細胞である程度束ねられて，視神経線維へと導かれる．神経線維は乳頭を通って，眼球の外に出る．乳頭は情報とエネルギー（血液による酸素）の輸送路である．いわば建物のパイプコーナーにあたる．網膜もそこで欠けているので視線の「死角」を生ずる．

　物理実験などで，放射検出器の情報を処理装置に導くケーブルはふつうは放射の通過を邪魔しないように，カウンターの背後に接続する．ところが，図1.6のように，目ではソケット（双極細胞）もケーブル（線維）も，光の入射する硝子体と接する手前

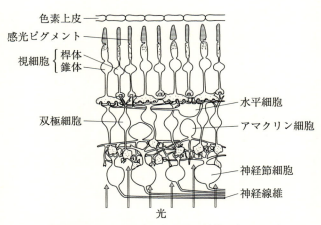

図 1.6　視細胞から脳に向かう視神経線維．光は下から入る（J. E. Dowling and B. B. Boycott : Organization of the primate retina—electron microscopy, Proc. Roy. Soc. Biolo., Vol.**B166**, pp.80-111(1996)より）．

のほうにある．網膜の表面にはエネルギー供給の血管も走っている．血管網は網膜の両面にある．エネルギー(酸素)消費がよほど激しいものと思われる．また両眼での検出情報を送る2つの線維束はいったん左右が交差して大脳の視覚中枢に運ばれる．この交差のところで左右の情報は両方に振り分けられ，それが立体感と関係している，ともいわれている．

………光検出器

錐体，桿体の視細胞の数はおのおの約$10^{6.8}$, 10^8である(図1.5参照)．しかし，ケーブルにあたる線維は約10^6本であり，光子検出のピクセル(視細胞)ごとにケーブルが1本ついているのではない．すなわち，情報を束ねる処理がハード的にもなされている．カウンター(視細胞)の網膜上への配列は，中心部分の狭い領域(黄斑)に錐体を集中させ，桿体はより広く分散させてある．このように，人間の視覚は特定の固定した検出—移送—処理のシステムの上にのっている．外界を忠実に写す普遍的装置ではないことに注意する必要がある．光源の認識だけでなく，縁の認識，背景光変動への明暗順応，立体感，遠近感，色彩，運動感，空間・時間の分解能，などの多様な環境変動への対処という，より高等な認識のための光子検出システムの構築がどういう戦略でなされたのか興味あるところである．そのことに，原始人の生活行動と自然風景が重要な位置を占めていた可能性があるかもしれない．

自然の視環境のパラメータを明らかに組み込んでいるのが視覚の波長域と光度のダイナミックレンジである．太陽光線で視覚を得るためその波長域を含むように選択されたのは当然だが，その他の波長を排除している理由もある．温血動物では赤外線

の体内照射があるから,視覚の波長域が赤外線まであるとそのノイズが大きくなる.また,紫外線は分子構造を用いる感覚装置には危険な要因である.

人間の目は強度が 10^6 のオーダーにわたって形の認識ができる.瞳孔の絞りで機械的に調整できるのは 10^2 のオーダーである.大強度では錐体で分光観測をし,小強度では安価な桿体を大面積に配置した測光観測をしている.検出器は2種類あるが分析装置は1つなので明所視と暗所視を切り替えて対処している.また認識可能なダイナミックレンジの上限下限がほぼ戸外における快晴の昼間と新月で星明りの視環境に対応している.自然視環境との調整がうまくいっていなければ,ハレーションや光度不足を起こして行動が制限されていたであろう.

■1.5 ウェーバー–フェヒナーの法則

明るい背景光 L に重ねて一部を $L+\Delta L$ の明るさにしたときにそれを分別できるための最小の $|\Delta L|$ を閾値という.閾値は

$$\Delta = \frac{|\Delta L|}{L+L_{\min}} \tag{1.11}$$

がほぼ一定値になるように ΔL が決まっている.照明のもとでの黒い文字の場合は $\Delta L<0$ で,上の関係は負の場合でも成り立つ.この関係を**ウェーバー–フェヒナーの法則**という.Δ の値は錐体系では 0.2~0.015,桿体系では 0.5~0.3 である.しかしこの数値は近似的なもので環境差や個人差がある.暗順応には10分かかるが,明順応には数十秒で順応する.

歴史的には,感覚器官に作用する物理的エネルギー I がどのように生理的効果を生むかをめぐって提起されたのが「ウェー

バー則」,「フェヒナー則」であり，視覚だけでない一般則である．「ウェーバー則」は感覚の分別閾値 ΔI が，相当広い I の範囲で，相対比 $\Delta I/I$ で決まっている，という．また「フェヒナー則」とは感覚強度 S が I と対数の関係，$S=\alpha \log I+\beta$，にある，という．絶対閾が I_0，分別閾値が $C=\Delta I/I$，$\alpha=[\log(1+C)]^{-1}$ として，$S=\alpha \log(I/I_0)+1$ とすれば $(S-1)$ は I が最低の分別比の何乗倍であるかを表わす．覚で $C=\Delta=0.2$ なら，$S=5$ で $I=2.07 I_0$ である．

戸外の太陽光下でも，室内の照明のもとでも，照度 F による大きな「背景」とある「物体」による反射光は，反射率を r として，おのおの $r_A F$ と $r_B F$ となる．したがって $L=r_A F$, $L+\Delta L=r_B F$ として，

$$\Delta = \frac{r_B - r_A}{r_A + \dfrac{L_{\min}}{F}} \qquad (1.12)$$

$F \gg L_{\min}$ なら，Δ は F によらない．したがって明るい照明のもとで分別できたなら，暗くても同様に分別可能である．すなわち昼間の戸外では晴天と曇天で F は 10^3 のオーダーで変動するが，分別は同程度に可能なのである．

もちろん，$r_A F < L_{\min}$ のように暗ければ識別できなくなる．この十分暗い背景で分別可能な光度を絶対閾値についてみると，波長依存性がある．図 1.7 は明所視と暗所視について示した．暗いところでは波長の短いほうへと敏感な波長がシフトしていく．この事実は夜が近づくと，相対的に青い色彩が強調されてくることを説明する．これはプルキニエ現象として知られている．さらに分別には明暗の輪郭を強調して知覚するマッハ効果や，時間的，空間的に変動する場合の分別性など，多くの高度

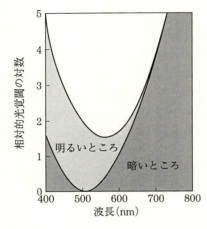

図 1.7 視感度曲線．光の波長と光覚閾値の関係．

な特性が心理学などで知られているが，これについては専門の書にゆずる．

■1.6 「現」視と錯視

目はある特殊な光検出装置であるから，視覚中枢における認識で「現実」を忠実に再現するに十分な物理的データを獲得しているかが心配になる．またヴァーチャル・リアリティーのように，「現実」がなくても同じ認識をうむ「データ」を注入すれば，それが同じ「現実」を形成することになる．しかし，実際には「現実」は視覚だけでなく聴覚，触・圧・擽・温・熱・冷・痛・痒などの皮膚感覚，味覚，臭覚，さらには運動視差などの「組み合わせ」で形成されている．しかし，こうした「組み合わせ」感覚は接触可能な近傍の対象では可能だが，雲や遠景をふくむ風景の「現実」では不可能になる．このためいろいろな錯視が存在する．広大な風景の空間に距離感を与えるのは，視程，

分解能，青みを帯びる色調の変化，雲や霧とその移動，などがあるといわれている．それらはいずれにせよ地形，気候とかかわる地域的な特性で大きく影響される．

　建物などより大きなサイズでは，同じ長さでも縦（地表に鉛直）方向の長さは明らかに横方向の長さより，2～4倍，大きく見える．また鉛直と水平の真ん中の方向として，45度でなく，20～30度と低い角度の方向をさす．車で道路を走るとき気づくように，上方でなく，下方の角度の推定は大きくする傾向がある．このように風景などの視空間には「歪められた」異方性が明白に付与されている．距離空間や力学空間と視空間は一致していないのである．この錯視は，程度に個人差はあるが，「健常な」錯視であって，それが見る体位，光線の方向，参照物などの影響で強調されることが知られている．影響は，昼の曇り空（高積雲，高層雲）で大きく，夜の星空や海上では少なくなるという．

　遠近感のない天体や星空をめぐってはいくつもの錯視が知られている．太陽も月も地平線近くで，天頂方向でより大きく見える．これは，大気での屈折などの影響ではなく，錯視であることが確かめられている．片目を覆ってしばらくすると，大きな月も少し小さくなる．この天体錯視についてはアリストテレス以来，天空偏平説やガウスの体位説など，多くの説明が提起されたがまだ明快なものはない．

2
大気中の水とちり

大気を構成するものは窒素,酸素の分子気体だけではない.水滴とエアロゾルという「混ぜ物」があり,風景の視界を決める要因である.しかし,これら「混ぜ物」の量や成分は地域や季節などで多様であり,大気汚染と視界の関係ともなる.

■2.1 地球と水

地球は「水と生命の惑星」と呼ばれ,液体の水が存在する唯一の知られた天体である.水の量($10^{21.12}$ kg)は固体地球の物質量($10^{24.8}$ kg)に比べるとわずかだが,大気($10^{18.7}$ kg)からみれば厖大な量である.大半は海水であり,また地表水のほとんどは南極の氷床であり河川水はわずかである.地球を球とすれば平均 3000 m の厚さで全体を覆うだけの水がある.この膨大な量のほんのわずかな割合(現実には 10^{-5} 程度)でも水が大気中に移動すると大気現象に大きな効果をうむ.

大気中の水の量はわずかだが,図 2.1 のように,蒸発・降雨による循環流量は大きく,約 10 日程度で大気中の水は入れ替わるほどに活発である.この「蒸留装置」による「入れ替え時

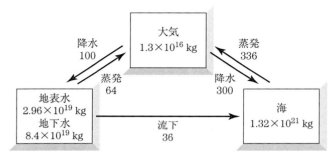

図2.1 地球の水と循環量.「降水」「蒸発」「流下」につけた循環量の単位は 10^{15} kg/年.

間」を海水の側からみると約 4000 年と長くなる.しかし,近年,地球規模の深海流による 2000 年オーダーの海水の攪拌装置が働いていることがわかっており,もっと短い可能性もある.また,岩石やマグマに含まれる水のふるまいについても完全にはわかっていない.

　大気中の視環境の形成に水は重要な役割をはたしている.とくに数十分間から季節変化の数カ月に到るまでのさまざまな数時間以下のタイムスケールで風景が変化していく動因の多くに水が関与している.大気中に蒸発した水蒸気は,水滴への凝結で大気の視程に影響する.それだけでなく,大気中の水は雲の生成,降雨などによって,山河などと同等な存在感をわれわれに感じさせる.雲は風景を構成する要素であるのみならず,地上に達する光線の量を左右することによって,視環境と熱環境の双方に重大な影響を及ぼしている.

　分子組成は,燃焼や噴火などで局所的,局時的に変動があっても,よく攪拌されてしまうので,大勢は変動しない.二酸化炭素の増加が問題になってはいるが,視界への影響は直接的ではない.それに対し,水蒸気は容積比で 4% にも及ぶことがあ

り,変動も大きい.(そのためふつうは大気組成の％から省いて表現する)変動する風景の原因はちり(塵)とそれらを核にして水蒸気が凝結した水滴の「混ぜ物」成分である.ちりはエアロゾル(aerosols)と呼ばれる.可視光の波長は分子サイズの約100倍である.水滴,エアロゾルのサイズは可視光の波長を挟んで2～3桁にわたって分布している.その正体や成因は地域的によってさまざまであるが,汚染の激しい空気では重さにして大気分子の 10^{-7} にも達する.

■2.2 大気中の水蒸気量

水分をまったく含まない空気を**乾燥空気**,水蒸気を含む空気を**湿潤空気**と呼んでいる.乾燥空気の成分比は,容積比で,窒素 N_2 が78％,酸素 O_2 が21％,アルゴン Ar が0.93％,以下,二酸化炭素 CO_2(0.031％),ネオン Ne(0.0018％)とつづく.平均分子量は28.96,標準状態での分子の個数密度は 2.69×10^{25} m^{-3} である.

水面と空気が十分長い時間接していれば,水面を通じての蒸発と吸収が平衡状態に達して湿潤空気となる.そのときの水蒸気の圧力が飽和蒸気圧 e_s である.e_s はつぎの**クラウジウス-クラペイロン**(Clausius-Clapeyron)**方程式**によって温度とともに

$$\frac{de_s}{dT} = \frac{L_v}{T(\alpha_{気相} - \alpha_{液相})} \quad (2.1)$$

と変化する.ここで $L_v (=2.50 \times 10^6$ J kg$^{-1})$ は蒸発熱,α は単位質量あたりの体積である.気相の状態方程式 $e_s = R_v T \alpha^{-1}$ と $\alpha_{気相} \gg \alpha_{液相}$ の条件を用いれば,温度 T_c℃ での e_s はつぎの近似式で表わされる.

$$e_s = \exp\left[19.482 - \frac{4303.4}{T_c + 243.5}\right] \quad (2.2)$$

また,氷から水蒸気への転移は昇華と呼ばれ,蒸発熱は $L_s = 2.83 \times 10^6$ J kg^{-1} で L_v よりわずかに大きい.したがって氷点で規格化すれば氷点下では,氷と接する飽和蒸気圧 e_i は e_s より小さくなる.

水蒸気の圧力 e がわかれば状態方程式で水蒸気密度 ρ_v が

$$\rho_v = \frac{217 e(\text{hPa})}{T(\text{k})} \text{ g m}^{-3} \quad (2.3)$$

と計算できる.飽和蒸気圧に対して水蒸気密度を図 2.2 に示した.中緯度では 15(夏季)〜4(冬季) g m^{-3} のていどである.乾燥空気密度 ρ_d に対する重量比を混合比 w と書けば,たとえば,$\rho_v = 4$ g m^{-3},$\rho_d = 1.3$ kg m^{-3} なら,$w \simeq 3$ g kg^{-1} のように書き表わせる.

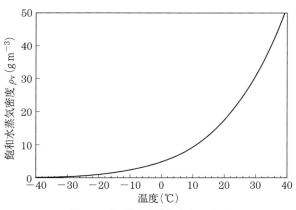

図 2.2 水の飽和水蒸気密度 $\rho_v(T)$

■2.3 エアロゾル

 大気中にはさまざまなサイズのちり,浮遊粒子,が存在する.地域や季節ごとにその正体はまちまちであるが総称してエアロゾルと呼ばれる. $0.1\,\mu\mathrm{m}$ のエイトケン粒子から $1\,\mu\mathrm{m}$ 以上の巨大粒子までのサイズ・スペクトルは図 2.3 のようになっている.密度は $10^{4\sim5}$(陸上)〜10^3(海上)cm^{-3} であり,サイズの大きいものは [半径]$^{-3}$ に比例して減少する.重量密度でいうと $10^2\,\mu\mathrm{g\,m}^{-3}$(砂漠)〜$3\,\mu\mathrm{g\,cm}^{-3}$(極地)で 1〜2 km の低空に分布する.これらは地域,時間によって相当変化している.それに対して 2 km 以上上空でも $1\,\mu\mathrm{g\,cm}^{-3}$ 程度のバックグラウンドが必ずある.

 砂漠では地表面での密度は大きいが上空では急激に小さくなる.それに対して極地では密度に高度差は少ない.海洋ではそ

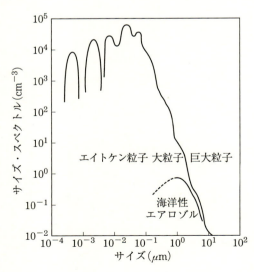

図 2.3 エアロゾルのサイズ・スペクトル

の中間である.エアロゾルの源には生物,固体地面,海洋面,人為的な汚染,および相互の転移がある.また大陸間を越えて移送されてくるものもあるし,そのあいだに落下するものもある.入れ替え時間は水蒸気の場合(約10日)よりは短いものが多い.

いろいろなサイズのエアロゾルが大気現象で果す役目を図2.4に示した.これら粒子の大半は電気的に中性であるが,わずかに正,負にイオン化してる場合もある.これらは雷のような大気電気現象に効くだけでなく,雲の消長にも重要な役割を果しているとの指摘もある.イオン化は地面の放射性元素と宇宙線の放射線か,太陽の紫外線などによって維持されている.

巨大分子とも,固体微粒子とも表現できるエアロゾルの生成や物性は物理や化学にとっても新しい課題である.エアロゾルは大気での化学反応,雲の形成,視程,大気放射(温室効果など),大気電気(雷など),などを支配する要因であり,地球環境問題からも重要な課題である.

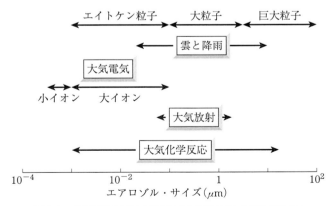

図2.4 「雲と降雨」「大気電気」「大気放射」「大気化学反応」などに関与するエアロゾルのサイズ.エイトケン粒子の名称は気象学者 J. Aitken(1839〜1919年)にちなむ.

■2.4 水滴への凝結

 湿潤な気塊が上昇し,断熱膨張で温度が低下すると,その温度での飽和蒸気圧は下がるので過飽和状態が実現される.この状態では余分の水蒸気は気相に留まることが不安定になり,「きっかけ」があれば液相に相転移する.水蒸気が一様に拡がって存在していれば,液相への相転移によって小さな水滴が一様にできることになる.この相転移過程は**核形成**(nucleation)とか**凝結**と呼ばれる.霧,もや,雲粒,降雨,などはこの現象である.

 純粋の水蒸気からの核形成を実験室でおこなうと転移は過飽和度を飽和蒸気圧の数倍(数百%)にしないと起こらない.しかし大気では過飽和度が数%でも容易に凝結が起こる.これは水滴の核となって凝結を活性化する特殊なエアロゾルがあるためである.こうした凝結核は**CCN**(cloud condensation nuclei)と呼ばれる.CCNには海水のしぶきでできる海塩粒子,燃焼による煙粒子,硫化アンモニア粒子などが重要である.大きさは約 10^{-1} μm,密度は約 10^{-3} m^{-3} で,エアロゾル全体の数密度 $10^{8} \sim 10^{12}$ m^{-3} のほんの一部である.

 純粋の水蒸気が小さな水滴に凝結するのを妨げているのは表面張力である.先の e_s の計算は体積に比例するエネルギーのみを考慮しているが,小さな水滴では表面積に比例するエネルギーが重要になる.このため水滴の飽和蒸気圧の半径 r に対する依存性はつぎの**ケルビン方程式**(Kelvin's equation)によって与えられる.

$$e_\mathrm{K} = e_\mathrm{s} \exp\left(\frac{2\sigma}{rR_\mathrm{v}\rho_\mathrm{w}T}\right) \qquad (2.4)$$

水の表面張力 $\sigma(=76.1-0.155T(\mathrm{C})\mathrm{dyn\ cm}^{-1})$ をいれると，たとえば $r=0.001\ \mu\mathrm{m}$ で過飽和度は 100% 高まる．

　周囲がこの圧力 e_K 以下であれば，水滴は蒸発する．したがって，ある過飽和度で水滴の核になれるのはある半径以上のものに限られる．たとえば，核が水溶性でなく，また濡れ粒子であれば，0.4% の過飽和度で核となるのは 0.5 $\mu\mathrm{m}$ 以上のものである．いったんできれば数 $\mu\mathrm{m}$ の雲粒まで成長できる．

　しかし多くの場合は核となる微粒子は水溶性の物質からできている．これが溶けると水滴は純粋の水ではなくなり，その溶液に対する飽和蒸気圧は一般には減少する．これを溶液効果という．純粋な水のもつ大きな表面張力という特異性が現われるのである．こうして大気中で凝結が起こるための半径と過飽和度の関係は図 2.5 のようになる．すなわち，曲率効果で小半径

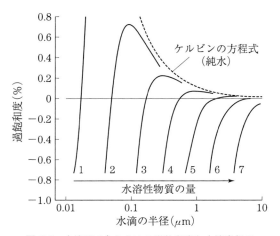

図 2.5　水滴ができるための過飽和度と水滴半径の関係を表わすケーラー(Köhler)曲線．水滴が小さいほど凝結核の水溶性物質の量の影響が大きく効いて表面張力の効果(ケルビンの方程式)を減ずる．

では大きくなるが，小半径のものほど溶解による成分変化が大きいから，溶液効果が大きく効いてふたたび減少するので最大値が存在する．この最大値となる半径 r_c 以下では，例え大きな水滴が偶然できてもすぐに蒸発してしまう．すなわち周囲の蒸気圧で決まる半径以上には成長できない．成長が阻止されている状態がもや(haze)である．この事情は，r_c 以上の曲率効果が支配する領域とは事情が異なる．

2.5 水滴の成長

核生成でできた雲粒の半径は数 μm〜20 μm，気団がさらに上昇を続ければ温度の低下で過飽和の水蒸気の供給がさらにつづく．初め拡散過程によって水蒸気が水滴に近づいて呑み込まれる．しかし水滴が成長して重くなると空気の抵抗に打ち勝って落下を始める．すると大きな水滴は小さな水滴と衝突して一体化する併合過程が効いて雨粒へと成長する．

拡散過程では，水滴に吸われるから，水蒸気は表面近くで密度が減少している．そこを埋めるために周囲から拡散して水滴に近づいてくる．また液化にさいしては熱が発生するが，それを熱伝導で周囲に逃がしてやらなければ周囲の密度が増して拡散は抑制される．この熱の掻きだしが遅ければ，熱伝導が成長率を支配する．

いま水蒸気の供給が十分あって定常状態にある密度分布を考えると，$\nabla^2 \rho(r)=0$ より，

$$\rho(r) = \rho_\infty - (\rho_\infty - \rho(R))\frac{R}{r} \qquad (2.5)$$

これから質量増加率は

$$\frac{\mathrm{d}m}{\mathrm{d}t} = 4\pi R^2 D \left(\frac{\partial \rho}{\partial r}\right)_{r=R} = 4\pi R D (\rho_\infty - \rho(R)) \quad (2.6)$$

半径の増加率は $\dot{R} \propto R^{-1}$ となるから，$R/\dot{R}=(\rho_l/\rho_\infty)R^2/D$ であり，半径の増加によって成長時間は長くなる．たとえば数十 μm の水滴は倍に増えるのに約 10^4 秒もかかることになる．しかし，雲の発生から1時間もすると降雨が始まることが知られており，大きな水滴の成長にはもっと早い衝突併合が効くことを示している．さらに拡散成長過程よりはイオンなどによってより早く成長することもわかってきている．

　温度が十分に低ければ水滴ではなく氷の結晶ができる．核形成は純粋な水蒸気なら $-20°C$ 以下にならないと氷結しない(昇華凝結)．しかし実際には他の微粒子の影響でより高温で氷結する(接触凍結，凝結凍結，凍結)．こうしてできた氷晶は昇華成長によって雪の結晶に成長する．これが拡散成長に対応する．成長して落下をはじめると雲粒補足，氷粒子の併合が起こる．このまま落下すれば降雪だが，途中で融けて冷たい雨になる場合もある．

　水滴への凝縮の核の数と水蒸気量の関係で水滴のサイズは支配される．核が多くて水蒸気が少なければ霧のような数多くの小さい水滴が作られる．核が少なくて水蒸気が多ければ，降雨までいたる大きな水滴が作られる．降雨はエアロゾルをきれいに大気から洗い落とす役目をしている．水で包んで重くして落下させて掃除するのである．

■2.6　雲の分類

　雲が発生するきっかけは温度低下であるが，このためには上

昇流が必要である．大気にはさまざまなサイズの空気塊（その中では熱力学的量がほぼ一様）が混在し移動している．暖かい気塊が移動して冷たい気塊に出会うと，冷たい気塊に乗り上げる．一般に気塊の移動は上空で速いので，上方から下方に向かって雲ができてくる．また地形により押し上げられることもある．このような安定な成層をした大気で大面積にわたる上昇によってできるのが層状雲である．

これに対し，地表近くの加熱で大気の温度分布が対流不安定になると，対流雲が発生する．周囲よりも密度が小さくなれば浮力が働いて上昇がさらにつづく．対流不安定は周囲の空気の温度分布と空気塊の水蒸気量等で決まる．水蒸気量が大きくてかつ氷結するまで温度が下がると，潜熱のエネルギーで「加熱」され，浮力がさらに増大して勢いよく上昇して積乱雲となる．

一般的な傾向としては，雲粒は下層雲では水滴だが，上層雲では氷晶で，中層雲などでは両方が含まれる．水滴への凝結核と氷晶への凝結核は異なる．また短時間にできた場合は粒径が

表 2.1　雲の 10 種

		雲の分類(記号)	別　名	雲底高	雲の厚さ
層状雲	上層雲	巻雲(Ci) 巻積雲(Cc) 巻層雲(Cs)	すじ雲 うろこ雲，いわし雲 うす雲，ベール雲	6000 m 以上	～100 m ～100 m 100～200 m
	中層雲	高積雲(Ac) 高層雲(As)	ひつじ雲，さば雲 おぼろ雲	6000 m 以下 2000 m 以上	150～200 m 400～600 m
	下層雲	乱層雲(Ns) 層積雲(Sc) 層雲(St)	雨(雪)雲 くもり雲，むら雲 きり雲	2000 m 以下	1500～4000 m 150～400 m 50～200 m
対流雲	貫層雲	積雲(Cu) 積乱雲(Cb)	わた雲，むくむく雲 入道雲，雷雲	2000 m 未満	50～2000 m 3500～10000 m

揃い，長時間かかった場合は揃っていない．

　雲は表2.1のように10種類に分類される．しかし，その成因，状況，成分，など複雑な要素が絡んで想像を絶するほど多様性があるのが雲である．このため，雲の撮影は写真家と自然愛好家の絶好の被写体になっている．こうした写真なしに雲の話しをしても無意味である．

2.7　雲はなぜ落ちない

　雲は長いことじっと浮いていたり，浮いたまま風に流されている．雲は圧倒的な存在感をわれわれに印象づける．なぜ重力で落ちてこないのか?，と不思議に思うときがある．しかし，雲の中にも自分の周囲にも，透明で存在する空気の分子も「浮いている」ことを忘れてはいけない．これが落ちないことにも疑問を呈すべきである．雲となって視覚に訴えている存在は水蒸気が雲粒，霧粒，雨粒などに凝結成長したものである．重量的にいってこれは透明な空気の約10^{-4}程度のわずかな部分である．降雨はこの雲の水成分の「落下」といえるが，その雲にあった降雨量の数千倍もの空気分子は落下しないでそこに留まっている．したがって「雲はなぜ落ちないか」には第1に「なぜ空気分子は落ちないか」，第2には「なぜ水蒸気が大きな水滴になると落ちてくるのか」に答えねばならない．

　第1の疑問への解答は大気は静水圧平衡で重力と圧力勾配による力が釣り合っていることである(粒子(分子)レベルでいえば，エネルギー保存から，落ちても衝突すれば再び昇ってくることに気づくべきである)．鉛直方向にz軸をとると，重力と圧力勾配のバランスは$dp/dz=-\rho g$で決まる．ここで状態方程式

を使って ρ を消去すれば

$$\frac{\mathrm{d}p}{p} = \frac{-g\mathrm{d}z}{RT} \quad (2.7)$$

と書けるが，これを積分するには $T(z)$ が与えられねばならない．しかし温度がほぼ一定と仮定できる高さでは，密度分布は

$$\rho = \rho_0 \exp\left(-\frac{z}{z_0}\right), \quad z_0 = \frac{RT}{g} = 7.1\left(\frac{T}{250\,\mathrm{K}}\right)\,\mathrm{km} \quad (2.8)$$

と表わせる．ここで温度は対流層の中間値をとった．分子の平均衝突距離は $10^{-7}\exp[z/7\,\mathrm{km}]\mathrm{m}$ で，100 km 上空では 1 m にもなる．

温度はエネルギー供給と熱の輸送できまるものである．とくに上空では太陽光の直接の吸収で決まる．温度は地上から約 10 km までは減少する．すなわち 290 K から 218 K ぐらいまで下がる．その上空では少し温度は増える成層圏が 50 km までつづき，その上空の中間圏でまた温度が下がりはじめる．この中間圏で温度は 180 K まで下がり，その上空 100 km から 1500 km 以上までの熱圏では 600 K（太陽静穏時）〜2000 K（太陽活動期）まで上がる．

············終端速度

空気の内部エネルギーは太陽光線をエネルギー源として，大気，地表，海面などでの吸収とその放出という複雑な過程で決まっている．地域的にも一様でなく，また時間的にも変化する．この非一様さのために大気はさまざまな規模の気塊で対流や風の流れを形成している．

このように透明な空気は「落ちる」どころか上昇も含めて自

由に運動している．したがって第 2 の疑問はむしろ「なぜ大きな水滴は空気といっしょに運動せず落下するのか？」となる．雲粒は分子より約十万倍大きい．これは原子と原子核の大きさの差ぐらいである．いま水滴を半径 r の球，空気に対する速度 v，粘性を η とする．水滴に働く粘性力はストークスの法則により

$$F = 6\pi\eta r v \tag{2.9}$$

これと重力がつり合っていれば，つぎの終端速度で落下している．

$$v = \frac{2\rho_\mathrm{w} r^2 g}{9\eta} \sim 1.2\left(\frac{r}{10\,\mu\mathrm{m}}\right)^2 \mathrm{cm\,s^{-1}} \tag{2.10}$$

ここでストークスの法則はレイノルズ数 $vr/(\eta/\rho)$ が 1 より小さい層流の場合に適用できる．雨粒になるとレイノルズ数が大きくなり乱流抵抗が効いてくる．水滴では数十 μm 以上では修正が必要であり，0.5 mm 以上の雨粒では形状も球からおむすび形に変わってくる．

たとえば，衝突併合で太ることなしに 0.1 mm の水滴が 0.7 m s^{-1} の速度で上空 3000 m の雲から落下を始めたら地上に達するまで 71 分かかる．しかし上空の大気はこの速度以上の上昇気流や風があるので雲粒程度の水滴だけが空気をすり抜けて落ちることはないのである．現実には水滴の成長の止まった雲では，浮いているあいだに水滴は蒸発し雲は消えていく．拡散で成長するにはあくまでも水蒸気の過飽和状態が必要である．この条件が逆転すれば蒸発がおこる．したがって，たとえ大きな雲粒が雲からすり抜けても外の乾燥空気では蒸発して水蒸気にかえる．雲の境を観察するとたえず消えていく様が見える．

..........積乱雲の上昇・摩擦電気・雷

 積乱雲は水蒸気が氷晶へ相転移するさいの潜熱(昇華熱)で「加熱」されて上昇することを前に述べた.「加熱」といってもこの場合零下であるが,バーナーでの「加熱」で気球が上昇するのと原理は同じである.たとえば質量 ΔM の水蒸気の昇華熱 $L_s(=2.8\,10^6\,\mathrm{J\,kg^{-1}})$ を全部使って質量 M の物体をもち上げれば,

$$h = \frac{L_s}{g}\frac{\Delta M}{M} \sim 2.8\,10^2 \left(\frac{\Delta M/M}{10^{-3}}\right)\mathrm{m} \qquad (2.11)$$

 この氷晶にさまざまなサイズと重量のものがあると,重力と粘性力の受け方が違っているために,上昇(あるいは落下)の速度に差が生ずる.すると,おたがいの衝突が激しく起こり,すれ違うときの摩擦によって氷晶が相互に帯電する.

 おのおのの帯電の符号は摩擦帯電を決める物性値によるがその種類がサイズ(運動と連動)と相関していれば,空間的な荷電分離へと発展していく.そこで電場が発生しそれが大気の絶縁破壊が起こる以上になれば放電が起こり雷となる.上昇した水蒸気も結局は雨となって落下するとすれば,物質的にはもとに戻ったことになる.したがって,雷の過程で発生した放電時の電波放射(エネルギーの量としてはこれが一番大きい),雷鳴,雷光などの非熱的エネルギーの源がなんであるかが気になる.このエネルギー源は積乱雲を生む初状態の太陽によって局所的に暖まった気塊である.終状態は雨後の涼しい状態であり,このあいだの熱エネルギーが熱機関として発電をしたものと解釈できる.

3
レイリー散乱とミー散乱

　光の原子・分子による双極子散乱と原子・分子の集団による散乱光の発生について述べる．レイリー散乱の当初の導出法と原子・分子が確認されたそれ以後の見方の差にもふれる．最後にミー散乱について簡単に触れる．

■3.1　束縛された電子によるレイリー散乱

　電荷の変動があった場合，遠方まで届く電磁放射には電気双極子 $\boldsymbol{p}$ の変動によるものが一番大きな寄与をする．十分に遠方の放射帯での電場，磁場は

$$\boldsymbol{E} = \frac{\hat{\boldsymbol{r}} \times (\hat{\boldsymbol{r}} \times \ddot{\boldsymbol{p}})}{c^2 r} \qquad \boldsymbol{H} = \frac{\hat{\boldsymbol{r}} \times \ddot{\boldsymbol{p}}}{c^3 r} \qquad (3.1)$$

ここで電気双極子の変動を単振動とすれば $\ddot{\boldsymbol{p}} = -\omega^2 \boldsymbol{p}$ であるから，放射束は

$$\boldsymbol{S}_\mathrm{d} = \frac{c}{4\pi} \boldsymbol{E} \times \boldsymbol{H} = \frac{c}{4\pi} \frac{\omega^4 \sin^2\theta}{c^4 r^2} p^2 \hat{\boldsymbol{r}} \qquad (3.2)$$

ここで，$\hat{\boldsymbol{r}}$ は双極子から観測点に向かう方向ベクトルで，$|\hat{\boldsymbol{r}} \times \boldsymbol{p}| = p \sin\theta$．

いっぽう,この電気双極子の変動が入射した電磁波の電場 $\boldsymbol{E}_{\text{inc}}$ によって誘起されたものとすれば,分極度を α として,

$$\boldsymbol{p} = \alpha \boldsymbol{E}_{\text{inc}} \tag{3.3}$$

と書ける.したがって,ここで上の電気双極子放射 $\boldsymbol{S}_{\text{d}}$ を入射電磁波の散乱 $\boldsymbol{S}_{\text{sca}}$ と捉えれば,つぎのように散乱の微分断面積を導入できる.

$$\sigma(\theta)\mathrm{d}\Omega = \frac{|\boldsymbol{S}_{\text{sca}}|r^2\mathrm{d}\Omega}{\dfrac{c}{4\pi}|\boldsymbol{E}_{\text{inc}} \times \boldsymbol{H}_{\text{inc}}|} = \alpha^2\left(\frac{2\pi}{\lambda}\right)^4 \sin^2\theta \mathrm{d}\Omega \tag{3.4}$$

波長 λ の4乗に逆比例する.こうした散乱は**レイリー散乱**と呼ばれる.

いま分極度 α を簡単なモデルで推定してみる.振動数 ω_0 で単振動する電子と重い核の束縛系を考える.これが入射電磁波を受けると

$$m_e\ddot{x} + m_e\omega_0^2 x = -eE_{\text{inc}} \tag{3.5}$$

のような強制振動となる.E_{inc} が振動数 ω の単振動の場合には,$x = eE_{\text{inc}}/m_e(\omega_0^2 - \omega^2)$ であり,$p = ex = \alpha E_{\text{inc}}$ とおけば

$$\alpha = \frac{e^2}{m_e}\frac{1}{\omega_0^2 - \omega^2} \tag{3.6}$$

$\omega_0 \gg \omega$ であれば,$\alpha = e^2/(m_e\omega_0^2)$ これを(3.4)に代入して $\sigma(\theta)$ を全立体角について積分すれば

$$\sigma_{\text{tot}} = \int \sigma(\theta)d\Omega = \sigma_{\text{Th}}\left(\frac{\lambda_0}{\lambda}\right)^4 \tag{3.7}$$

ここで $\sigma_{\text{Th}} = (8\pi/3)(e^2/m_ec^2)^2 = 6.6\times10^{-29}$ m^2 はトムソン断面積である.

ここでいま，単振動のエネルギー量子 $\hbar\omega_0$ を原子の束縛エネルギーで規格化して表わしてみる．ボーア半径 $a_\mathrm{B}=h/(\pi e^2 m_e)$ を用いて，$\hbar\omega_0=\xi e^2/a_\mathrm{B}$ とおけば，

$$\sigma_\mathrm{tot} = \frac{8\pi}{3}(\pi a_\mathrm{B})^2\left(\frac{\pi a_\mathrm{B}}{\xi\lambda}\right)^4 \tag{3.8}$$

$\omega_0 \gg \omega$ の近似の制限をうけて，この式は $\xi\lambda \gg (\hbar c/e^2)a_\mathrm{B}$ の場合に適用できる．

■3.2 分子の分極率と光の屈折率

分子からなる媒質に外から電場 E^ext をかければ，個々の分子は分極して電気双極子をもつようになる．すると，これら電気双極子群がつくる電場 E^dp によって媒質内部の電場は外場 E^ext から修正をうける．すなわち，分子 j が感じる電場 E'_j はつぎのようになる．

$$E'_j = E_j^\mathrm{ext} + \sum_i E_{ij}^\mathrm{dp} \tag{3.9}$$

ここで E_{ij}^dp は分子 i に誘起された電気双極子が分子 j の場所につくる電場である．すると，分子分極率を α として，誘起される電気双極子は $p_j=\alpha E'_j$ となる．

この分極率 α は媒質の誘電率 ϵ と関係している．いま誘電体のある場所を球形にくり抜いた空間内の電場 E' を計算すると，くり抜いた球面の内面に誘起された電荷の分布を考慮して

$$E' = E^\mathrm{ext} + \left(\frac{4\pi}{3}\right)P \tag{3.10}$$

となる．ここで $P=N(\alpha E')$ は分極密度，N は分子密度である．分極率は [長さ]^3 の次元をもっている量だから，αN で無次元量

である．したがって

$$E'\left(1-\frac{4\pi}{3}\alpha N\right) = E \qquad (3.11)$$

媒質内での電束密度 D は誘電率をつかって $D=\epsilon E^{\text{ext}}$ と表わされる．いっぽう，電束密度の変化は分極 P による変化だから $D=E^{\text{ext}}+4\pi P$．これらの関係を使うと，結局，誘電率 ϵ と分極率 α の関係はつぎのように結ばれていることがわかる．

$$\frac{\epsilon-1}{\epsilon+2} = \frac{4\pi}{3}N\alpha \qquad (3.12)$$

これはローレンツ-ローレンス(Lorentz-Lorenz)の公式である．

上の議論は，(3.9)の右辺第2項に寄与する分子が十分数多ければ，変動する電場の場合にも成り立つ．電磁波の場合，波長程度のスケールの空間に十分な数の分子が含まれていればこの関係は成り立つ．一般には誘電率は $\epsilon(\omega)$ のように振動数に依存する分散性を示す．また光の場合は誘電率は屈折率と $n=\sqrt{\epsilon}$ のように関係している．

α に $\omega_0 \gg \omega$ での(3.6)を用い，かつ $\hbar\omega_0=\xi e^2/a_B$ とすれば，$\alpha = a_B^3/\xi^2$．空気の場合，$\lambda=0.5\,\mu\text{m}$ で，$\epsilon-1=0.000279$ である．

$$0.000279 = 2\pi N \frac{a_B^3}{\xi^2} \sim \frac{10^{-4.5}}{\xi^2} \qquad (3.13)$$

空気の屈折率が1に近いのは密度が固体や液体より小さいことでだいたい理解できる．

■3.3 幾何光学と散乱波

電磁波に対する媒質の効果が前節のように誘電率に繰り込んで表現できるのは，(3.9)式のように，球面状に拡がる個々の分

子からの無数の波面がコヒーレントに合成される場合である．ここでいうコヒーレント（coherent）とは誘起放射の位相と入射波の位相の関係が崩れないことである．ある点にやってくる個々の分子からの誘起波の位相は相互の距離の差によっても異なるが，波長サイズの空間に十分「多数」の放射体があれば重ね合わせは合成的に働く．しかし希薄な気体になるとこの前提が崩れてくる．空気の場合はどうなのかがここでの関心事である．

この問いを考えるために，まず，フレネル（Fresnel）による光の直進性の説明を思い起こしておく．ある時点での擾乱の影響は個々の分子からの誘起波のような球面波として広がる．しかし，平面入射波の場合にはその誘起波を合成した波面はやはり平面波になることの理解である．図 3.1 のように，いま平面波に垂直な面 S 上のある点 A での擾乱（そこでの波動）を $u(A)$ とすると，そこからの距離を r，波の波数を k として，つぎのような球面波が放射されるとする．

$$C \mathrm{d}S \frac{\mathrm{e}^{-\mathrm{i}kr}}{r} u(A) \qquad (3.14)$$

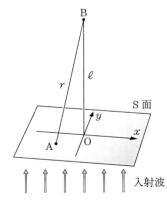

図 3.1　入射波が (x,y) 面の点 A の擾乱を受けて B 点につくる波動

ここで C は定数,dS は点 A 周辺の面積である.点 O を原点にして面 S 内に (x,y) 座標をとれば $dS=dxdy$.

点 O から面 S に垂直な方向で距離 ℓ 離れた点 B を考え,面内の点 $A(x,y,0)$ から B までの距離 r を考える.ただし,$x,y \ll \ell$ とする.

$$r = (x^2+y^2+\ell^2)^{1/2} \approx \ell + \frac{1}{2\ell}(x^2+y^2) \quad (3.15)$$

これを使えば点 B での波動は

$$u(B) = \frac{C}{\ell} e^{-ik\ell} \iint u(x,y) e^{-\frac{ik(x^2+y^2)}{2\ell}} dxdy \quad (3.16)$$

ここに現われるフレネル積分は,積分範囲を無限にとれば,

$$\int_{-\infty}^{\infty} e^{-\frac{ikx^2}{2\ell}} dx = \left(\frac{2\pi\ell}{k}\right)^{1/2} e^{-i\pi/4} = (\ell\lambda)^{1/2} e^{-i\pi/4} \quad (3.17)$$

したがって

$$u(B) = \frac{C}{\ell} e^{-ik\ell}(-i\ell\lambda)\langle u \rangle \quad (3.18)$$

ここで $\langle u \rangle$ はフレネル積分に寄与する S 上の領域での $u(x,y)$ の平均である.この"ホットスポット"は長さ $(\lambda\ell)^{1/2}$ の大きさの領域である.もし擾乱がデルタ関数的に原点に局限されていれば $u(B)=e^{-ik\ell}u(A)$ だから,定数 C は $C=i/\lambda$ である.したがって球面波は

$$\frac{i}{r\lambda} e^{-ikr} u(A) dS \quad (3.19)$$

となる.

(3.16)式の位相の変化が示すように,S 面から発した球面波を合成すると S 面に垂直に進行する平面波として合成されていることが示された.上の考察で u と $\langle u \rangle$ を同じものとみなして

いる．これが許されるのはフレネルのホットスポット内での合成のときに距離以外の要素での位相差を無視できるということである．

また，面Sが有限であれば縁では回折効果が顕著になって平面波ではなくなる．この場合も，(3.16)式の積分範囲を問題に応じて制限すれば，この式で論ずることができる．このような前提で波動の伝播を考察するのが幾何光学である．

………… ゆらぎと散乱

平面入射波が媒質内を伝播する現象を上のフレネルの理論にのせて考えてみる．いま面Sに平面波が同じ位相で到着して電気双極子の誘起という擾乱をいっせいに起こしたとする．すると，各分子がいっせいに双極子放射を球面波として放出する．ホットスポットのサイズでならして一様連続的に双極子があれば，上の幾何光学的な記述が正しい．すなわち，合成的に干渉する「多数」の同じ誘起波があることになる．「多数」であれば物理諸量の平均値からのゆらぎが無視できて余分な位相差の原因が存在しない（「多数」でなくても，結晶のように散乱体が規則正しい配置をしていれば位相関係は乱れなく保たれる場合もある）．

このような「多数」の場合には，たとえば，平面波は媒質内でも平面波として伝播し，決まった方向への屈折，反射が起こる．また有限範囲のフレネル積分で回折も論ずることができる．そしてこの完全な幾何光学近似では，前節で扱ったような個々の分子からの散乱球面波は観測されない．この場合の媒質の効果はすべて屈折率や吸収率に組み込まれていることになる．

他方，分子密度が小さい希薄な媒質を考えると，「多数」とい

う近似が悪くなり一様連続的な物理量の分布という前提が崩れてくる．媒質が有限個の分子から成るという効果が効いて，「多数」でなければ，物理量の平均値からのゆらぎの偏差が大きくなる．密度が十分に小さくかつ分子の空間配置がランダムであれば，個々の分子からの誘起波を合成する際，決まった位相の相関がなくなる．この場合には，波の「位相合成」でなく，個々の散乱過程の合算になる．こうした両極端の中間に，幾何光学で導かれる波動からわずかに散乱波が漏れてくる．という見方がふさわしい場合がある．

　レンズの中や水中での光の進行は屈折率で記述される．幾何光学で決まる屈折，反射の方向に大半の光は導かれる．この流れの方向から漏れる散乱波はわずかである．もし媒質の作用で光の大半が位相のそろっていない散乱波に転化すれば，画像情報は失われるであろう．

　空気の層は透明な固体や液体の場合よりははるかに希薄である．このため散乱波がレンズや水中よりも大きくなる．しかし，空気の層を通してもくっきりと太陽の画像が見られる．ということは光線の大半は幾何光学的にふるまうが，散乱波である青空の寄与も相当に大きいことを意味する．分子による散乱波はランダムなので青空の光度分布から太陽の画像を推定することはできない．

············チンダル現象としてのレイリー散乱

　幾何光学での光線から漏れる散乱光としては**ラマン(Raman)散乱**と**チンダル(Tyndall)現象**が知られている．ラマン散乱は波長が入射光と散乱光で違う非弾性散乱である．入射と再放出のあいだのエネルギーの出し入れが関与し，散乱光が漏れるもので

3.3 幾何光学と散乱波

ある.それに対して,チンダル現象は,弾性散乱であり,散乱体の数が「多数」でなく,密度にゆらぎがあるために漏れるものである.大気の散乱光はこのタイプのものである.

たとえば体積 V 内の個数 N_V および分極密度 P の平均値からのゆらぎをつぎのように書く.

$$N_V = V\bar{N} + \Delta N_V = \bar{N}_V + \Delta N_V \quad (3.20)$$

$$V\boldsymbol{P} = \sum_{k}^{N_V}(\bar{\boldsymbol{p}}_k + \Delta \boldsymbol{p}_k) = \bar{\boldsymbol{p}}(\bar{N}_V + \Delta N_V) + \sum^{\bar{N}_V}\Delta\bar{\boldsymbol{p}}_k \quad (3.21)$$

ΔN_V, $\Delta\bar{\boldsymbol{p}}_k$ 両方のゆらぎの積は小さいとして無視してある.

付加された電場による偏極の平均値,$\bar{\boldsymbol{P}} = \bar{N}\bar{\boldsymbol{p}}$,の効果は誘電率として繰り込まれている.すなわち幾何光学での屈折や反射を引き起こす効果をこの偏極は受けもっている.分子レベルでみた場合のこの平均偏極による過程はこれらに組み込まれている.個々の分子からの散乱波はコヒーレントに合成されて幾何光学的にふるまうのである.

そしてこの平均値からのゆらぎ

$$V\Delta\boldsymbol{P} = V(\boldsymbol{P} - \bar{\boldsymbol{P}}) = \bar{\boldsymbol{p}}\Delta N_V + \sum^{\bar{N}_V}\Delta\boldsymbol{p}_i \quad (3.22)$$

が幾何光学の光の経路から漏れた散乱光を生み出すのである.体積 V でのこの偏極のゆらぎによる誘起波の大きさは(3.1)式から $E_V = (\omega^2/c^2)(V\Delta P/r)\sin\psi$ である.ゆらぎで平均すれば

$$\bar{E}_V^2 = \left(\frac{\omega^2}{c^2 r}\right)^2 \left[\bar{p}^2 \overline{\Delta N_V^2} + \overline{\left(\sum\Delta\boldsymbol{p}_i\right)^2}\right]\sin^2\psi \quad (3.23)$$

ここで平均分極は入射波 E_0 で決まり $\bar{p} = \alpha E_0$,また右辺第2項は分子分極のふるまいが球対称的であれば無視できる.したがって

$$I = \bar{E}_V^2 = A\sin^2\psi I_0, \quad I_0 = E_0^2, \quad A = \frac{1}{\lambda^4}\frac{16\pi^4}{r^2}\alpha^2\overline{\Delta N_V^2} \tag{3.24}$$

入射方向と散乱方向を含む面に垂直および面内の2つの偏光についての和をとれば $I=(A/2)I_0(1+\cos^2\theta)$ である((3.30)式参照).全散乱方向について積分すれば散乱される強度は $\Delta I_\mathrm{s}=(8\pi/3)(r^2A)I_0$ となる.

理想気体では個数のゆらぎは,個数密度を N と書いて,$\overline{\Delta N_V^2}=VN$ である.(3.12)式を用いて α を屈折率で書きなおせば

$$r^2 A = \frac{1}{\lambda^4}\pi^2(n^2-1)^2\frac{V}{N} \tag{3.25}$$

いま単位面積あたり直進光 I が散乱により減少する割合を計算してみる.面積 ΔS に垂直に入射して距離 $\Delta\ell$ だけ進行するあいだに起こる散乱は,$V=\Delta\ell\Delta S$ だから,

$$\Delta S\bigl[(I+\Delta I)-I\bigr] = -\Delta I_\mathrm{s} = -\gamma I\Delta\ell\Delta S \tag{3.26}$$

あるいは $I=I_0\mathrm{e}^{-\gamma\ell}$ と積分される.ここで

$$\gamma = \frac{8\pi^3}{3}\frac{1}{\lambda^4}\frac{(n^2-1)^2}{N} \tag{3.27}$$

は減衰率,$1/\gamma$ は減衰長さである.$n(=\sqrt{\epsilon})$ に(3.12)式を用いれば,この減衰率は「束縛された電子による散乱」で述べた個々の分子からの散乱を独立に扱った場合の減衰率

$$\gamma = \sigma_\mathrm{Th}\left(\frac{\lambda_0}{\lambda}\right)^4 N \tag{3.28}$$

と一致している.

電子や原子の存在がわかっている現在の観点からみると,レイリー散乱は原子内の電子による散乱とみなすことができる.

そして気体中の直進光の減衰率を式(3.28)で簡単に計算することができる．したがってこの節で展開した「ゆらぎ」にもとづく複雑な議論はまったく不必要にみえる．

現在レイリー散乱の公式と呼ばれる式(3.27)をレイリー(Lord Rayleigh, 1842〜1919年)が導出して青空を論じたのは，1871〜1897年ごろにわたる一連の論文においてである．波長に較べて十分小さい球体群による光の散乱として解いた．しかし当時はまだ電子も原子もその定量的な姿を現わしていない．したがって3.1節のような電子による散乱の視点はなかった．しかし，この「球体」の分極率 α は，球体群媒質の誘電率に対するローレンツ-ローレンスの公式(3.12)を使って，誘電率(屈折率)から求められた．式(3.27)は気体の物性値(屈折率あるいは誘電率)で書かれており，原子の存在とは無関係なのである．そしてこれらの物性値は屈折などを記述するもので散乱は起こらないから，散乱の原因を「ゆらぎ」に求めたのである．これがレイリーがおこなったことである．

ゆらぎが $\overline{\Delta N_V^2}=VN$ の場合は偶然に独立な粒子による散乱と一致したが，流体や結晶の場合は $\overline{\Delta N_V^2}\ll VN$ であり，散乱光は独立な粒子による散乱よりもはるかに小さい．

3.4 散乱振幅

散乱体から十分遠方での散乱の効果の記述には散乱振幅という量を導入すると便利である．いま入射方向を z 軸にとり散乱方向を球座標の θ,ϕ とする．入射波を $u_0=e^{-ikz+i\omega t}$，十分遠方(波動帯)での散乱波を $u=S(\theta,\phi)e^{-ikr+i\omega t}/ikr$ とかけば，

$$u = S(\theta, \phi) \frac{\mathrm{e}^{-\mathrm{i}kr+\mathrm{i}kz}}{\mathrm{i}kr} u_0 \qquad (3.29)$$

となる.ここで $S(\theta, \phi)$ を散乱振幅と呼ぶ.

……………双極子散乱

　電磁波は横波のベクトル場であり,偏光の2つの波の自由度がある.いま入射方向と散乱方向の2つのベクトルで1つの散乱平面が定まる.この面に垂直方向を r,面内の方向を l とする.2つの偏りの波に応じて,入射波,r 波と l 波,の2つの散乱振幅をおのおの S_r, S_l とする.したがって,偏光のない自然光は r 波と l 波を同等に含むので,散乱光の強度は

$$I = \frac{|S_\mathrm{r}|^2 + |S_\mathrm{l}|^2}{2k^2 r^2} I_0 \qquad (3.30)$$

　双極子 $p = \alpha u_0$ による散乱波の電場は,双極子方向からの角度を γ として,(3.1)式より

$$u = \frac{k^2 p \sin\gamma}{r} \mathrm{e}^{-\mathrm{i}kr} \qquad (3.31)$$

したがって

$$S_\mathrm{r}\left(\gamma = \frac{\pi}{2}\right) = \mathrm{i}k^3 \alpha, \quad S_\mathrm{l}\left(\gamma = \frac{\pi}{2} - \theta\right) = \mathrm{i}k^3 \alpha \cos\theta$$

だから(3.30)式は

$$I = \frac{(1+\cos^2\theta)k^4|\alpha|^2}{2r^2} I_0 \qquad (3.32)$$

……………個別散乱体の集団による散乱

　つぎに個々の散乱波の合成の効果をみる.簡単のため,板状の物体を通過した光がこうむる変化をみてみる.観測地点は板か

ら波長に較べて十分離れた地点とする．個別散乱体の位置 (x,y) が z に較べて小さいとすれば $r \simeq z+(x^2+y^2)/2r$．単位振幅の入射波 u_0 とその散乱波を重ね合わせて，観測地点にやってくる波は

$$u_0+u = u_0\left[1+\frac{S}{\mathrm{i}kr}\mathrm{e}^{-\mathrm{i}k(x^2+y^2)/2r}\right] \tag{3.33}$$

したがって強度は

$$|u_0+u|^2 \simeq 1+\frac{2}{kr}\mathrm{Re}\left[\frac{S}{i}\mathrm{e}^{-\mathrm{i}k(x^2+y^2)/2r}\right] \tag{3.34}$$

散乱波の 2 乗は r^{-2} で減少するから，入射波との干渉項に較べて無視した．

集団による散乱波の合成は数密度 N を用いて，$N\mathrm{d}x\mathrm{d}y\mathrm{d}z$ で積分すればいい．ここでフレネル積分(3.17)式を用いる．この際，この積分に寄与する長さは $(r\lambda)^{1/2}$ であったから，$S(\theta)$ の角度 θ には $\theta \sim (\lambda/r)^{1/2}$ が効く．この角度は十分小さいから前方散乱 $S(0)$ のみの寄与を考慮すればいい．z 軸方向の距離を ℓ として，集団による合成波は，

$$\begin{aligned}u_0+u &= u_0\left[1+\int\mathrm{d}x\mathrm{d}y\mathrm{d}z N\frac{S}{\mathrm{i}kr}\mathrm{e}^{-\mathrm{i}k(x^2+y^2)/2r}\right]\\ &= u_0\left[1-\frac{2\pi}{k^2}N\ell S(0)\right]\end{aligned} \tag{3.35}$$

$|u_0+u|^2-|u_0|^2 \simeq -\gamma\ell$ で z 方向の単位長さあたりの減少率 γ を定義すれば，

$$\gamma = 4\pi N k^{-2}\mathrm{Re}[S(0)]$$

半径 a の球体の場合は，減少率を球の幾何断面積で規格化して

$$\gamma = \pi a^2 K(x)N, \quad K(x) = \frac{4}{x^2}\mathrm{Re}[S(0)] \qquad (3.36)$$

のように K で表わす.ここで $x=ak$ である.

■3.5 ミー散乱

エアロゾルや雲粒という微粒子のサイズは可視光の波長と同程度の大きさである.分子のようにサイズが波長に較べて十分小さい場合はレイリー散乱,また虹の原因となる水滴のように波長に較べて十分大きければレンズのような幾何光学の経路,で記述される.しかし同程度である中間の場合,微粒子が入射波に及ぼす影響は,微粒子の通過波と回折波との干渉がおこって複雑なふるまいとなる.

ある複素誘電率をもつ球形の微粒子による電磁波の散乱過程はミー(Mie)散乱と呼ばれる.グスタフ・ミーがこの問題を扱ったのは1908年で,翌年以後,ポール・デバイなどが多くの場合について計算してきた.球から楕円への拡張なども含めて,20世紀初頭の四半紀,理論物理学者の学位論文の格好のテーマであった.またこの問題は量子力学での散乱問題の数理的な準備にもなった.

$x=ak$ が大きい場合は約 $\ell \sim x$ までの球面調和関数 $Y_{\ell m}(\theta, \varphi)$ による展開が寄与する.サイズが微小な極限でのレイリー散乱では $\ell=1$ の双極子放射だけであったが,ミー散乱では約 $\ell \sim x$ までの多重極放射が誘起波として効いてくる.しかもそれらの干渉効果で散乱はきまるから,パラメータ (n, a, k) のわずかな差で結果は大きく変わる.しかし,実際の応用においては厳密な球ではないし,ほかのパラメータにもある幅があるはずなので,

これらパラメータのある範囲で平均化したものが実際には使われる．

ミー散乱は，大気科学だけでなく，化学工業，天文学，気象学，医療技術，など数多くの分野で重要な応用をもっている．いずれも散乱光の測定によって微粒子の性質を調べるものである．資料の採取が不要なこと，変動する状態の監視にむいていること，などを特徴としている．天文学では星間物質（宇宙塵），惑星大気，気象学ではレーダーでの雲粒の観測，また検査機器としては疎水性コロイド，血球，などである．光源は可視光が主であるが発信器の開発が進んだのでマイクロ波やX線の場合もある．

············屈折率 n が 1 に近い球による散乱

一般のミー散乱の議論は複雑だがこの場合には解析的に簡単に計算でき，それがミー散乱の特徴を含んでいるので，ここで論じておく．屈折率 n が 1 に十分近い近似では，表面での屈折や反射は無視でき，球内を通過する波が被る影響は位相の変化だけである．接面に α で入射する場合の通過距離は $2a\sin\alpha$ である．したがって真空を通過した場合との位相差は

$$2a\sin\alpha \cdot (n-1) \cdot \frac{2\pi}{\lambda} = \rho \sin\alpha \quad (3.37)$$

ここで，$\rho=2x(n-1)$, $x=ka$. そして球の背後での位相差による波に変化分は，入射方向に垂直な xy 面内で積分して，

$$\begin{aligned}S(0) &= \frac{k^2}{2\pi} \int (1-e^{-i\rho\sin\alpha}) \mathrm{d}x\mathrm{d}y \\ &= k^2 a^2 \int_0^{\pi/2} (1-e^{-i\rho\sin\alpha}) \cos\alpha \sin\alpha \mathrm{d}\alpha\end{aligned}$$
$$(3.38)$$

ここに現われる積分にはつぎの公式を使う．

$$F(w) = \int_0^{\pi/2} (1-e^{-w\sin\alpha})\cos\alpha\sin\alpha\, d\alpha$$
$$= \frac{1}{2} + \frac{e^{-w}}{w} + \frac{e^{-w}-1}{w^2} \qquad (3.39)$$

すると $S(0)=x^2 F(i\rho)$ と表わされる．さらに(3.36)式の K で書けば，

$$K(\rho) = 2 - \frac{4}{\rho}\sin\rho + \frac{4}{\rho^2}(1-\cos\rho) \qquad (3.40)$$

となる．散乱断面積は幾何断面積と散乱効率 K で $\sigma=\pi a^2 K$ と書ける．

波長依存性の一部を K に繰り込んで表現した K は ρ の関数として図3.2のようにふるまう．$\rho \ll 1$ では $K \propto x^4$ となり，これはレイリー散乱に対応する．この式は前提とした近似の範囲を越える n が 2 に近い場合でもほぼ正しいふるまいを与える．

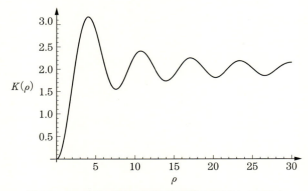

図3.2 ミー散乱の断面積を幾何断面積で規格化した $K(\rho)$．ρ は光の波数 k と粒子半径 a で決まる．$\rho=2ka(n-1)$．

……………波長依存と色づき

　エアロゾルや雲粒では ρ は 0.1〜50 といった値である．水滴での典型例は $n=1.33$ である．ρ が 50 以上では，K はほぼ一定で 2 となる．ただし虹やハローを起こす雨粒などの巨大粒子 $\rho \gg 1$ の場合は屈折，反射といった幾何光学による効果が重要になり，別の取り扱いが必要になる．

　K の図の横軸は散乱体の n と a，それに波長で決まる量である．種類 n とサイズ a を固定すれば，K は散乱の波長依存（左側に長波長）を表わす．また入射光の波長を一定にして考えればサイズ依存度となる．

　大きい粒子の極限では直進する光線の描像がよいと思えるが，$K=2$ となって散乱断面積は幾何断面積の 2 倍になっている．これは幾何光学では回折に関するバビネ (Babinet) の原理で説明される．また量子力学の散乱問題では影散乱のパラドックスとして知られている．これは「散乱」の中に直進入射波から無限小でもはずれたものをすべて合算することに原因がある．回折で無限小の角度だけ方向を変えた効果でも「無限遠」では大きくはずれるから「散乱」とみなしている．しかしこれは，物体のすぐ後ろには影ができるという効果をみないで，「無限遠」から見たら影はできないということをいっているのである．

　K が波打って変動するミー領域ではつぎのような効果が期待できる．粒子のサイズが非常にそろっていれば，K の変動は波長依存性を表わす．したがって，dK/dx が正で右側のピークが青に当れば赤味の散乱が抑制され，また逆に負であれば左側のピークが赤ならば青の散乱が抑制される．それに対して粒子サイズが幅広く分布していれば，波長依存性は均されてしまい散

乱で色彩を帯びることはなくなり，ただの白色となる．

　一般に大気が色づくのはサイズのそろった散乱体が大規模にまとまって存在してることを示しているといってよい．レイリー散乱もサイズのそろったものによるミー散乱の一種であるといえる．

　この他に空が「色づく」原因には，粒子による屈折あるいは回折で太陽のまわりにおのおのかさや光冠ができる，あるいはその光で照らされて雲が色づく場合と，朝焼け，夕焼けのように「厚さ」が増すことで強調される場合がある．いずれの場合も同種類の散乱体がある空間規模以上で多数存在することが条件となる．微粒子が1つの自然現象で短い時間に生成される場合はこうなる．人工の排出物も含めて多くの原因での生成物の混合である場合は「同種類」にならない．すなわち色づきは「純粋性」の目安であるともいえる．

・・・・・・・・・・散乱の位相関数

　レイリー散乱が前後対称な散乱をするのと違って，ミー散乱では前方に強く散乱される．散乱の角度依存性は**位相関数**と呼ばれる．位相関数についてはつぎの**ヘニエ–グリンシュタイン（Henyey-Greenstein）位相関数**の近似式がよく用いられる．

$$P_{\mathrm{HG}}(\theta, g) = \frac{1-g^2}{(1+g^2-2g\cos\theta)^{3/2}} \tag{3.41}$$

ここで g は前後非対称係数で $g = \dfrac{1}{2}\int_{-1}^{1} P(\theta)\cos\theta\,\mathrm{d}\cos\theta$ である．$P(\theta)$ は位相関数である．

　またつぎの近似式も提案されている．

$$P(\theta, g) = \frac{3(1+\cos^2\theta)}{2(2+g^2)} F_{\mathrm{HG}} \tag{3.42}$$

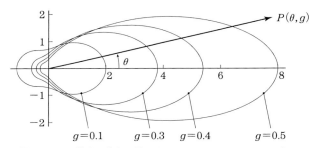

図 3.3 ミー散乱の位相関数 $P(\theta, g)$. $g=0.1, 0.3, 0.4, 0.5$ と g が増えると,より前方への散乱が大きくなる.

これは $g=0$ でレイリー散乱の位相関数に帰着する.いくつかの場合を図 3.3 に示した.

4
大気中の光環境

　大気が成層構造で近似できる場合の散乱光の計算例を示す．現実の再現に興味を置くのではなく，簡単な計算で物理量の変化がどのような効果をもたらすかをみる．多重散乱，視程，偏光などについても触れる．

■4.1　大気による散乱光

　太陽から地球大気上層まで直進してきた太陽光は大気の中を進むにつれて，大気の構成成分による散乱によって，しだいに直進光の一部が散乱光に転化していく．直進光からはずれていくのは散乱と吸収がある．吸収とは元の波長の放射から離脱することで，そのエネルギーは波長の長い放射と気体の熱エネルギーに変わる．可視光では吸収は無視できる．散乱光は波長を変えることなくただ進む方向が変化する光である．太陽光と人工的な光源からの光の反射についても同様である．光は大気中を進む間に必ず一部は散乱光に転化していく．

………散乱光の発生

この散乱光への転換率は，つぎのように直進光の強度 $I(x)$ が距離 x とともに減少する割合を決める消散係数(extinction) γ によって与えられる．散乱光の量を $J(x)$ と書けば

$$\frac{dI(x)}{dx} = -\gamma I(x), \quad \frac{dJ(x)}{dx} = \gamma I(x) \qquad (4.1)$$

吸収がないとしているから，$I(x)+J(x)=$ 一定である．

消散係数 γ は成分とその分布で決まるが，安定した大気では，それらは高さで決まる成層構造をしており，一般には高さの関数である．風景のように横方向を見る場合は γ は一定としてよいが，大気外から太陽光が入射する場合には散乱体の成層構造が効いてくる．

………多重散乱層の反射率と透過率

散乱が何回も起こる多重散乱層では上のような直進光と散乱光の区別は有効ではない．むしろ進む方向による分類が重要になる．この放射輸送問題はよく研究されているが数学的に結構複雑な課題である．ここでは上下に 2 方向しかない場合を扱ってみる．

平べったい層状媒質(厚さ H)に上から入射光が強度 I_0 で入っていて，散乱を繰り返して上面から出ていく量(反射量)と下面から下に抜けていく量(透過量)の定常値を推定する．進行方向が下向き(down)の強度を F_d，上向き(up)の F_u とする．x 座標は入射面から下向きにとる．また散乱方向は元の進行方向の「前方」か「後方」のいずれかであると簡単化する．散乱率を α とし，「後方」散乱の確率を p_b，「前方」散乱の確率を p_f と書

く. 散乱角を θ として位相関数は $P(\theta)=p_\mathrm{f}\delta(\theta)+p_\mathrm{b}\delta(\theta-\pi)$.
強度の変化は「後方」散乱の割合で起こるから

$$\frac{dF_\mathrm{d}}{dx} = -\alpha p_\mathrm{b} F_\mathrm{d} + \alpha p_\mathrm{b} F_\mathrm{u}, \quad \frac{dF_\mathrm{u}}{(-dx)} = \alpha p_\mathrm{b} F_\mathrm{d} - \alpha p_\mathrm{b} F_\mathrm{u} \tag{4.2}$$

前後非対称係数は $g \equiv p_\mathrm{f} - p_\mathrm{b}$ であるから,$p_\mathrm{f} + p_\mathrm{b} = 1$ を用いれば,$p_\mathrm{b} = (1-g)/2$.(4.1)の解は,

$$F_\mathrm{d}(x) = A + B(1-\bar{\tau}), F_\mathrm{u}(x) = A - B(1+\bar{\tau}) \tag{4.3}$$

ここで $\tau = \alpha x$,$\bar{\tau} = (1-g)\tau$.

下面での境界条件 $F_\mathrm{u}(H)=0$ と全光量の保存の条件 $F_\mathrm{u}(0)+F_\mathrm{d}(H)=I_0$ を課すと,反射率 R と透過率 T はつぎのように決まる.$\bar{\tau}=(1-g)\alpha H$ とし,

$$R = \frac{F_\mathrm{u}(0)}{I_0} = \frac{\bar{\tau}}{2+\bar{\tau}}, \quad T = \frac{F_\mathrm{d}(H)}{I_0} = \frac{2}{2+\bar{\tau}} \tag{4.4}$$

$$\frac{dR}{d\lambda} = \frac{2}{(\bar{\tau}+2)^2}\frac{d\bar{\tau}}{d\lambda} \tag{4.5}$$

したがって $\bar{\tau}$ に波長依存性があっても,もし光学的に十分厚ければ,すなわち $\bar{\tau} \gg 1$ なら,反射率の波長依存性はなくなる.「序章」に述べたようにミルクが白いのはこのためである.

············大気での散乱体とその分布

大気の主成分はもちろん高さ約 8 km にわたって存在する分子層である.これがレイリー散乱によって青空をつくる.エアロゾルは大気下層約 1.2 km にわたって存在し,ミー散乱をおこない,一般には白濁色のベールをつくる.このため地表からは純粋な青空はこのベールで少し白化する.地域によっては吸収が無視できない炭素系のエアロゾルもあるが,多くは散乱が主

役である．分子層の成分はほとんど変わらないが，エアロゾルは地域，季節などによって大きく変動する．この分子大気，エアロゾル，2つの成層的な構造に重なってときどき登場するのが水蒸気の気塊である．

分子大気，水蒸気，エアロゾルの3つの相が混在する場合の地表近くでの状態量の例はつぎのようである．分子大気の重量密度 $1.3\,\mathrm{kg\,m^{-3}}$，数密度 $2.7\times10^{25}\,\mathrm{m^{-3}}$．水蒸気は重量密度 $10^{-2}\,\mathrm{kg\,m^{-3}}=10\,\mathrm{g\,m^{-3}}$，数密度 $3.5\times10^{23}\,\mathrm{m^{-3}}$．エアロゾルはその大きさによってさまざまであるが，たとえば大きさ $0.1\,\mu\mathrm{m}$ のエアロゾルでは重量密度 $10^{-8}\,\mathrm{kg\,m^{-3}}=10\,\mu\mathrm{g\,m^{-3}}$，数密度 $10^9\,\mathrm{m^{-3}}$．

また水蒸気の一部はエアロゾルやイオンなどを核として雲粒という水滴を作る．層積雲の中での大きさ $10\,\mu\mathrm{m}$ の雲粒の量は重量密度で $0.5\,\mathrm{g\,m^{-3}}$，数密度では $1.2\times10^8\,\mathrm{m^{-3}}=1.2\times10^2\,\mathrm{cm^{-3}}$ の程度である．以下での物理量を推定するときはここに示したエアロゾル，雲粒の数値を典型例として用いる．

########## 消散係数と光学厚さ

純粋な分子大気によってレイリー散乱される場合，直進光の減衰距離 γ^{-1} はおおよそ

$$\text{分子大気：} \quad \gamma^{-1} = 30\,\mathrm{km}\,(\text{波長}\,0.41\,\mu\mathrm{m}\,\text{紫})$$
$$= 188\,\mathrm{km}\,(\text{波長}\,0.65\,\mu\mathrm{m}\,\text{赤})$$

レイリー散乱は(波長)$^{-4}$ に比例するから，紫と赤では $(0.65/0.41)^{-4}=6.31$ 倍の差がある．

レイリー散乱だけなら青よりは紫が強く見えるはずであるが，実際には青に見える．目に見える色は [太陽スペクトル]×[レイリー散乱の波長依存]×[目の感度の波長依存] のように3つの要素の積で決まり，目の感度の波長依存性(図1.2)が青く見せるの

である．

いっぽう，エアロゾルと雲粒による散乱はミー散乱である．前記の数値を用いれば減衰距離はおのおのつぎのようになる．

半径 $0.1\ \mu m$ のエアロゾル：$[2\pi(0.1\ \mu m)^2(K/2)\times 10^9\ m^{-3}]^{-1}$
$$= 15.9(2/K) km$$

半径 $10\ \mu m$ の雲粒：$[2\pi(10\ \mu m)^2(K/2)\times 10^8\ m^{-3}]^{-1}$
$$= 15.9(2/K) m$$

$\tau = \gamma \times$[長さ] は光学厚さと呼ばれる．したがって前記の例についての光学厚さはつぎのようになる．

大気分子：$\tau = 8\ km$(鉛直距離)$/30\ km = 0.266$(紫)
$$= 8\ km/188\ km = 0.042 (赤)$$

エアロゾル：$\tau = 1.2\ km$(鉛直距離)$/15.9\ km = 0.075$，

大きさ $1\ km$ の雲：$\tau = 1000\ m/15.9\ m = 62$

雲以外では，光学厚さは 1 にくらべてそれほど大きくない．このような場合は多重散乱は無視できる．しかし上空を見るのでなく「横を見る」場合は，[長さ] は鉛直距離よりは大きくなりうる．たとえば，このエアロゾル層を通して 5 km 先を見れば $\tau = 0.375$ である．

············光の輪と雲粒のサイズ

太陽や月を薄い雲を通して見ると，光の輪（光冠，コロナ，光環と呼ばれる）が見られる場合がある．周辺は虹のように色づいている．これは雲粒による回折によるもので，光の輪の角半径から雲粒のサイズが推定できる．散乱体の有限サイズ（半径 a）のために起こる「影散乱」の回折によって波長 λ の光線は小角度 $\delta(\lambda) \sim \lambda/2a$ だけ方向を変える．すなわち散乱体の近くを通過する光線はこの角だけ曲げられて光の輪ができる．輪の大

きさは中心の天体の角サイズ(半径は太陽も月もほぼ同じで $16'$)の 4~10 倍である．赤の輪が月の 5 倍に見えたら，雲粒サイズは

$$a \sim 15 \frac{\lambda/700 \text{ nm}}{\delta(\lambda)/2(5\times 16')} \mu\text{m} \qquad (4.6)$$

となる．

大きさ h km の雲の光学厚さをみると

$$\tau = 140h \left(\frac{10\ \mu\text{m}}{a}\right)\left(\frac{\rho_c}{1\ \text{g m}^{-3}}\right)\left(\frac{K}{2}\right) \qquad (4.7)$$

雲粒によるミー散乱は前方散乱が卓越しており $g=0.85$．多重散乱の反射率や透過率を決める縮尺(scaled)光学厚さは $\bar\tau = (1-g)\tau = 21h$ となり十分大きい．したがって，ここで論じている典型例の雲は厚すぎて光の輪は見られないことがわかる．雪の結晶では単純なミー散乱ではないが，前方散乱はさらに大きく $g=0.93$ 程度のもある．このため，物質厚さが相当あっても光が透過する．

■4.2 散乱光推定の簡単なモデル

成層構造をしている分子大気層とエアロゾル層による散乱光を計算するモデルを考えてみる．簡単のため，地表が球面であることを無視して，平面対称で考える．図 4.1 のように太陽光の入射角を α，視線方向を β とする．入射方向から視線方向に 1 回の散乱で変わる割合を，視線上に沿って加算する計算をする．はじめ，入射方向ベクトルと視線方向ベクトルが構成する平面は鉛直面とする．この平面上で散乱点を P，視点を V とする．上空から P までの光学厚さを τ_1，P から V までの光学厚さ

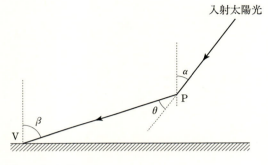

図 4.1 簡単なモデルでの入射角 α と視線方向 β

を τ_2 とする.

V から視線に沿って s の距離までの光学厚さは,全散乱断面積を σ_s,視線に沿った距離を ℓ,数密度の鉛直分布を $N(z)$ として,

$$\tau_2(s) = \int_0^s \sigma_s(\lambda) N(\ell \cos\beta) \mathrm{d}\ell \tag{4.8}$$

また,P から上空までの光学厚さは

$$\tau_1(s) = \int_0^\infty \sigma_s(\lambda) N(s\cos\beta + \ell\cos\alpha) \mathrm{d}\ell \tag{4.9}$$

いっぽう,上空からの入射強度を I_0 とすれば,視線方向の散乱光の強度は

$$I(\lambda,\alpha,\beta) = I_0 \sigma(\lambda,\theta) \left(\int_0^\infty N(s\cos\beta) \exp[-\tau_1(s) - \tau_2(s)] \mathrm{d}s \right) \tag{4.10}$$

ここで $\sigma(\lambda,\theta)$ は散乱角 θ の散乱断面積である.いまのモデルでは $\theta = \alpha - \beta$ である.

この積分は密度の鉛直分布を具体的に与えなくてもつぎのように計算できる.まず

$$\frac{\tau_1+\tau_2}{\sigma_s} = \frac{1}{\cos\alpha}\int_0^\infty N(z)\mathrm{d}z+\left(\frac{1}{\cos\beta}-\frac{1}{\cos\alpha}\right)$$
$$\times\int_0^{s\cos\beta} N(z)\mathrm{d}z \tag{4.11}$$

に注意し,つぎに(4.10)式での積分変数を s の替わりに $X(s)=\int_0^{s\cos\beta} N(z)\mathrm{d}z$ に置き換えれば,式(4.10)はつぎのように積分される.

$$I(\lambda,\alpha,\beta) = I_0 P(\alpha-\beta)\frac{\cos\alpha}{\cos\alpha-\cos\beta}$$
$$\times\left(\exp\left[-\frac{\tau_0(\lambda)}{\cos\alpha}\right]-\exp\left[-\frac{\tau_0(\lambda)}{\cos\beta}\right]\right) \tag{4.12}$$

ここで $P(\theta)=\sigma(\theta)/\sigma_s$ は散乱角に依存する位相関数で,$\int P\mathrm{d}\Omega/\int\mathrm{d}\Omega=1$ に規格化されている.また,$\tau_0(\lambda)=\sigma_s(\lambda)\int_0^\infty N(z)\mathrm{d}z$ は鉛直方向の光学厚さである.

########## 2成分の場合

実際の大気では分子大気とエアロゾルは異なった空間分布をしている.また,散乱断面積も成分ごとに違っている.実際にはこうした多成分の散乱体によって散乱光は生ずる.1成分の近似がよいのは,エアロゾル層より上空(1〜2 km 以上の上空)の分子大気だけの層の場合である.

ここでは上の1成分の場合の一番簡単な拡張として2成分(AとB)の場合を考えてみる.式(4.12)はつぎのように変形される.

$$I = \int_0^{T(\infty)} \left[\frac{\sigma^A(\theta)N^A(z(T))+\sigma^B(\theta)N^B(z(T))}{\sigma_s^A N^A(z(T))+\sigma_s^B N^B(z(T))}\right]$$
$$\times\frac{1}{\cos\beta}\mathrm{e}^{-\frac{1}{\cos\alpha}T(\infty)-(\frac{1}{\cos\beta}-\frac{1}{\cos\alpha})T}\mathrm{d}T \tag{4.13}$$

ここで $T(z)=\int_0^z (\sigma_s^A N^A(x)+\sigma_s^B N^B(x))\mathrm{d}x$.

(4.13)式の被積分関数中の [……] は θ, λ, z に対して一般には成分ごとに違ったふるまいをする．しかし各層 z で，ある1つの成分が他に勝って大きな寄与をする場合には，つぎのように近似することができる．いま，Aを分子成分，Bをエアロゾル成分として，分子層の分布は高層まで伸びているが，エアロゾルは高さ H_B まで一様密度 N^B で，それ以上では急激になくなるとする．さらに，$H_B \leq z$ では $\sigma_S^B N^B \gg \sigma_s^A N^A(z)$ であるとすれば

$z \leq H_B$ に対して $T(z) \simeq \sigma^B N^B z$,

$z \geq H_B$ に対して $T(z) \simeq \sigma_s^B N^B H_B + \int_0^z \sigma^A(\lambda) N^A(x)\mathrm{d}x$

(4.14)

この近似のもとでは，式(4.13)はつぎのようになる．

$$I = \frac{\cos\alpha}{\cos\alpha - \cos\beta}\left[P^A(\alpha-\beta)\left(\mathrm{e}^{-\frac{T(\infty)-T_B}{\cos\alpha}-\frac{T_B}{\cos\beta}}-\mathrm{e}^{-\frac{T(\infty)}{\cos\beta}}\right)\right.$$
$$\left.+P^B(\alpha-\beta)\left(\mathrm{e}^{-\frac{T(\infty)}{\cos\alpha}}-\mathrm{e}^{-\frac{T_B}{\cos\beta}-\frac{T(\infty)-T_B}{\cos\alpha}}\right)\right] \quad (4.15)$$

ここで $T_B = \sigma_s^B N^B H_B$, $T(\infty) = \sigma_s^B N^B H_B + \int_0^\infty \sigma_s^A N^A(x)\mathrm{d}x$

……………補足

入射方向と視線方向のベクトルが構成する平面が鉛直面でない場合にも上の計算は使うことができる．その場合にはこの平面が鉛直方向となす角度を Θ とすれば，$\cos\alpha \rightarrow \cos\Theta\cos\alpha$, $\cos\beta \rightarrow \cos\Theta\cos\beta$ の置き換えをすればよい．あるいは，光学厚さに $T(\infty) \rightarrow T(\infty)/\cos\Theta$ の置き換えをすることとも同等である．

地表が球面である効果は α や β が平面の方向に近づいた場合に問題となる．前記のVからPへの距離 s と高さ z の関係は，

地球半径を R_E として $(R_E+z)^2=R_E^2+s^2+2R_E s \cos\beta$ だから,

$$z \sim s\cos\beta + \frac{s^2}{2R_E} \qquad (4.16)$$

したがって, $\cos\beta \gg s/2R_E$, あるいは密度分布の距離のスケールを H として $\sqrt{2HR_E} \sim 320\text{ km}\sqrt{H/8\text{ km}} \gg s$ であれば球面性は無視できる.

4.3 計算例

………方向分布

(4.12)式をいろいろな場合に表示してみる. ここでは τ_0 は τ と書く. 図 4.2 と図 4.3 の縦軸は $I(\lambda, \alpha, \beta)/I_0$ を表わす.

ある時刻を決めるということは入射光の方向 α を指定することである. そして視線方向 β を変化させれば散乱光の方向分布が得

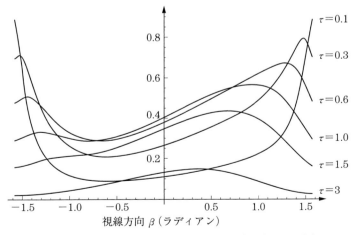

図 4.2 入射方向が $\alpha=0.2\pi$ の場合の視線方向分布. τ は垂直方向の光学厚さ.

られる．図 4.2 には $\alpha=0.2\pi$ として，$\tau=0.1, 0.3, 0.6, 1.0, 1.5, 3.0$ の場合の方向分布を示した．τ の増加とともに散乱光はいったん増加し，$\tau\sim1$ のあたりで最大となり，さらに増加すると散乱光はふたたび減少する．

つぎに，視線方向 β を決めて入射方向 α を変えることは，ある方向の散乱光が時刻とともにどう変わるかをみることである．視線方向を $\beta=0.2\pi$ として α を朝から夕刻までの変化を示したのが図 4.3 である．図 4.2 と同様に $\tau=0.1, 0.3, 0.6, 1.0, 1.5, 3.0$ の場合に示した．

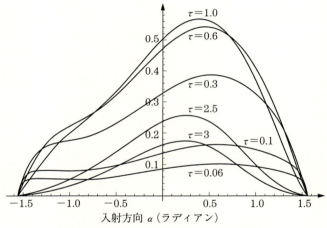

図 4.3　視線方向が $\beta=0.2\pi$ の場合の入射方向(時刻)分布．図 4.2 と同じ τ について示した．

………… スペクトル分布

レイリー散乱は波長依存性が大きい．図 4.4 のように大きな雲が上にあって太陽光が雲が切れた距離から横に伝わって目に入る状況を考える．横の距離を変えるとある距離を通過した場

合のスペクトルが計算できる．図 4.5 のように，距離が大きくなると緑，オレンジ色に変わる．

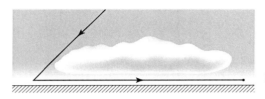

図 4.4 散乱光の重なりがない状況

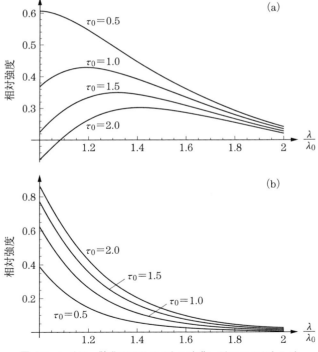

図 4.5 レイリー散乱でのスペクトル変化．元のスペクトルは λ^{-2} に比例．波長 λ_0 での光学厚さを τ_0 が 0.5, 1.0, 1.5, 2.0 の場合の直進光(a)と散乱光(b)．

■4.4 視　程

雲のない一様な大気中で，ある輝度 B_0 の光源がどの距離まで見えるかを考える(この項は巻末の「参考文献」[7]による)．光源からの光は大気の消散係数 γ として，

$$V_s = S \exp(-\gamma r) \tag{4.17}$$

のように減少する．しかし，目に見えるのは減衰したこの光源からの光だけでなく，昼間では視線方向の大気が発する背景光があることを忘れてはならない．すなわち，光るヴェールを通して背後の光源をみることになる．ヴェールが明るいと背後のものが見えにくくなる．

いま，単位体積，単位立体角あたりの大気の発光率を A とすれば，距離 r と $r+\mathrm{d}r$ のあいだの大気による背景光の光度は

$$\mathrm{d}B(r) = \frac{A \exp(-\gamma r) \mathrm{d}\Omega r^2 \mathrm{d}r}{r^2} \tag{4.18}$$

ここで $\mathrm{d}\Omega$ は光源を望む立体角．ここで距離無限遠まで積分した背景光輝度を定義する．

$$B = \int_0^\infty \mathrm{d}B(r) = \frac{A}{\gamma} \mathrm{d}\Omega \tag{4.19}$$

すると，距離 R にある光源 S を見たときの光度は，$\bar{B}=B\mathrm{d}\Omega$ として，

$$V = S \exp(-\gamma R) + \bar{B}(1 - \exp(-\gamma R)) \tag{4.20}$$

したがって光源と背景のコントラストは

$$C = \frac{V - \bar{B}}{\bar{B}} = \frac{S - \bar{B}}{\bar{B}} \exp(-\gamma R) \tag{4.21}$$

図示すれば図 4.6 のようである．

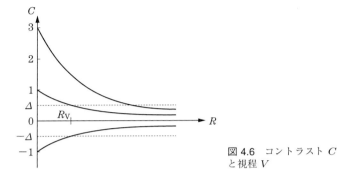

図 4.6 コントラスト C と視程 V

いっぽう,人間の視覚には明暗のコントラストの絶対値に識別可能な閾値 Δ がある.そこで光源が識別可能な最大距離は

$$R_\mathrm{v} = \frac{1}{\gamma} \log \frac{|S-\bar{B}|}{\Delta \bar{B}} \tag{4.22}$$

たとえば,黒い光源($S=0$)の場合は,$\Delta=0.02$ として,$R_\mathrm{v}=3.9/\gamma$ となる.この黒い光源の識別可能距離 $V=\gamma^{-1}\log\Delta^{-1}$ を**視程**(visibility)という.

光源が山や壁面のように拡がったものの場合は輝度を s として $S=sd\Omega$ だから,上式の log の中は $(|s-B|)/\Delta B$ で置き換えればよい.

つぎに,高さ R の上空から一様な輝度 B^* の海面や雪面を背景にして,光源を見ている状況を想定してみる.この場合は大気の背景光は光源まで積分したものになる.したがってコントラストは

$$C = \frac{\dfrac{s-B^*}{B^*}}{1+\dfrac{B}{B^*}(\exp(\gamma R)-1)} \tag{4.23}$$

飛行機から下をみた場合の B/B^* は**スカイグランド比**と呼ばれ

る．地面が新雪，砂漠，森林の場合この比はおのおの，曇天で 1, 7, 25, 晴天で 0.2, 1.4, 5.0. この比が大きいと距離とともに急速に識別不可能になる．したがって，晴天のほうが遠方まで見えるから，上空からの探索には曇天より晴天のほうがよい．また分子の比は，$s<B^*$ なら背景が明るいほど識別でき，$s>B^*$ なら背景が暗いほど識別しやすいことを示している．

視程の観測は視角が 0.5 度以上で 5 度程度の黒い目標物の識別可能性できめる．もしエアロゾルがまったくなく，レイリー散乱による消散しか起こらないという仮想的な状況では，波長 0.52 μm で，$\gamma=1.3\times10^{-5}$ m^{-1}，視程は 300 km という大きな距離になる．実際の視程は大気の雲粒か大気汚染によって決まり，それらによる混濁度の指標とみなされる．晴天では数 km である．50 km 以上の場合は異常視程と呼ばれる．水蒸気が凝集した雲粒では，視程 1 km 以内なら霧，以上なら靄という．

いま，単位体積あたりの水蒸気の総量を ρ_0 とし，これが半径 a の粒子に凝縮したとすれば粒子数密度は ρ_0/a^3 に比例する．いっぽう，消散の断面積は a^2 に比例するから，視程は $(a^2\rho_0/a^3)^{-1}\propto a/\rho_0$ となり，半径が大きい降雨時のほうが見通しがよい．逆に，小粒子の霧のほうが「一寸先も見えない」状態になる．ただし，半径が波長に近いほどの小粒子になるとミー散乱で知られた複雑な回折が起こって単純に断面積が a^2 に比例しなくなる．

$\gamma^{-1}=\ell_M$ だから (1.9) 式より，視程はおおよそ

$$R_v \sim 2.6 \frac{a_{\text{eff}}\rho}{\rho_0} \sim 10^{1.5}\left(\frac{a_{\text{eff}}}{10\ \mu\text{m}}\right)\left(\frac{1\ \text{g m}^{-3}}{K\rho_0}\right)\ \text{m} \quad (4.24)$$

ここで $a_{\text{eff}}=\langle a^3\rangle/\langle a^2\rangle$，$\langle\cdots\rangle$ はサイズ分布についての平均値．

■4.5 青空の偏光

単一の放射過程で放出された電磁波は一般には偏光している．しかし，太陽光は太陽面での無数の原子から放射の集合で，さまざまに偏光した電磁波の混合である．このような光は全体として偏光しておらず，自然光と呼ばれる．ところがレイリー散乱の双極子散乱による散乱光は偏光してくる．太陽方向からの自然光は偏光していないが，太陽と違うある方向からやってくる散乱光(青空の光)は偏光を示すのである．

いま図 4.7 のように散乱体を原点において，入射方向に z 軸をとり，入射方向と散乱方向で構成される散乱面内に x 軸，それに垂直に y 軸をとる．入射波の偏光，すなわち電場方向の単位ベクトル e は xy 面にあり，x 軸からの角度を φ とする．また散乱波方向の単位ベクトル k は xz 面内にあり z 軸からの角度を θ とすれば，これは散乱角である．e, k の成分はおのおの $e(\cos\varphi, \sin\varphi, 0)$, $k(\sin\theta, 0, \cos\theta)$ であるから，両者のなす角度

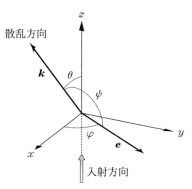

図 4.7　双極子散乱での偏光面

ψ は $\cos\psi = \boldsymbol{e}\cdot\boldsymbol{k} = \cos\varphi\sin\theta$.

入射波は $\boldsymbol{e}$ 方向の双極子を誘起し,散乱波はその双極子による放射であるから,十分遠方では,$\boldsymbol{k}\times(\boldsymbol{k}\times\boldsymbol{e})$ に比例する((3.1)式).すなわち散乱波の電場ベクトル $\boldsymbol{E}$ は,$\boldsymbol{e}$ と $\boldsymbol{k}$ が作る面内にありかつ $\boldsymbol{E}\cdot\boldsymbol{k}=0$ だから,

$$\boldsymbol{E} = A(\boldsymbol{e} - \cos\psi\,\boldsymbol{k})\sin\psi \qquad (4.25)$$

これを散乱面(xz 面)内の成分 $E_\parallel$ とこの面に垂直な y 軸成分 $E_\perp$ で書けば

$$E_\perp = A\sin\varphi\sin\psi \qquad (4.26)$$

$$E_\parallel = -E_x\cos\theta + E_z\sin\theta = -A\cos\varphi\cos\theta\sin\psi \qquad (4.27)$$

入射光が自然光であるというのはいろいろな $\boldsymbol{e}$ 方向が一様に混じっているということである.したがって散乱光の強さは $E_\perp^2$ と $E_\parallel^2$ をつぎのように φ について平均したものになる.

$$\langle E_\perp^2 \rangle = a^2\langle \sin^2\varphi(1-\sin^2\theta\cos^2\varphi)\rangle = A^2\left(\frac{1}{2} - \frac{1}{8}\sin^2\theta\right) \qquad (4.28)$$

$$\langle E_\parallel^2 \rangle = A^2\cos^2\theta\left(\frac{1}{2} - \frac{3}{8}\sin^2\theta\right) \qquad (4.29)$$

ここで $\langle\cos^2\varphi\rangle = \langle(1+\cos 2\varphi)/2\rangle = 1/2$,$\langle\cos^4\varphi\rangle = \langle(1+\cos 2\varphi)^2\rangle/4 = 3/8$ を用いた.

図 4.8 は散乱方向による偏光の度合を示したものである.この図は θ についての強度図 $I(\theta)$ である.$\langle E_\perp^2\rangle$,$\langle E_\parallel^2\rangle$ に比例する強度を $I_\perp$,$I_\parallel$ と表わす.偏光の度合を示す量として両者の差 $I_\parallel - I_\perp$ をとれば,$(I_\parallel - I_\perp) + 2I_\parallel = I$ であるから,$2I_\parallel$ は偏光していない度合となる.A は全強度 I,B は偏光していない度合 $2I_\parallel$,C は $I_\parallel$ である.A と B に挟まれた部分が偏光成分である.$\theta = \pi/2$ では $I_\perp$ の成分だけになり完全偏光している.

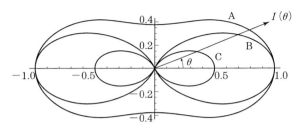

図4.8 自然光の双極子散乱（レイリー散乱）による偏光

　偏光サングラスは偏光板の機能をサングラスに応用したものである．これを用いれば，通過する偏光の方向を光の偏光と垂直になるようにとって，反射光をカットできる．たとえば，反射光が邪魔して水中からの光が見えない場合にこのサングラスをかけることで，水中が見えやすくなって，釣りなどに便利である．

　青空の散乱光は一般にはレイリー散乱とミー散乱の混じったものである．ミー散乱では偏光度を減ずる．このため完全な偏光度はみられないが偏光板を用いて十分検出可能な程度には偏光している．この性質をつかうと散乱光のレイリー散乱による成分とミー散乱による成分を分離することができる．たとえば偏光しているレイリー散乱成分を遮れば，ミー散乱成分を浮き出たすことができる．これで薄い雲や微かな煙などを見やすくできる．山火事の監視などに応用できる．

………… 反射光

　自然光が水面やガラス面で反射される際にも反射光に偏光が現われる．前記の双極子による散乱と同様に，入射方向と反射方向を含む面（反射面にも垂直）に垂直な成分 $I_\perp$ が卓越してく

る偏光が起こる反射角度(反射面に垂直方向から計った角度で表わす)がある.とくにブルースター(Brewster)角と呼ばれる $\tan\theta_0 = n_2/n_1$ で決まる角度 θ_0 で入射した光による反射波は完全に $I_\perp$ だけになる. n_2 は反射体の屈折率であり,空気から水に入射する場合は, $n_2 = 1.33$ であるから $\theta_0 = 53$ 度程度になる.

この角度に近い入射角度の場合,反射作用は偏光板を通すのと同じ役割をする.入射光がレイリー散乱で偏光した背景光(青空)と偏光してない光源の合成画像とする.入射光の偏向方向が強く反射される偏光方向と一般には一致していないから,反射された画像では背景光の比率が大きく抑えられる.このため,背景が暗くなったので,光源がよりくっきりと浮かび上がって見えてくる.波のない静かな水面に写った光景がそうなる場合があるのはこのためである.

■4.6 雲の物理シミュレーション

本章の目的は簡単なモデルで現実の骨格を説明することであるが,「現実」は簡単なモデル化を拒否している,というのが実感である.とくに空の「風景」には欠かせない雲についてそうである.このため,この本の標題「光と風景の物理」にはいまだ途半ばであり,引きつづき「簡単なモデル」を追求したいと思うが,本書はここで閉じざるをえない.十分整理できなかった問題点を列記して読者の挑戦の課題としたい.

………… 「温暖化」,CG,など

最近,雲は2つの意味で最新のテーマになっている.

ひとつは「終章」にも記したような風景のコンピュータ・グ

ラフィックス CG としての雲の「再現」である．ここでは雲ができたり消えたりする「消長」は物理過程としては扱っていない．微小反射体をフラクタル構造になるように分布させたり，移動のアニメーション，など擬似物理過程のように扱うが，最終的には反射体群のパラメータを CG と現実の映像の最適フィットで選択している．ただし配置した微小反射体群で光の反射，散乱などの過程は物理学に従ってソフトを組んでいる．また雲の移動，変形などのアニメーションなども擬似物理過程を使うようである．

　雲をめぐるもうひとつのテーマは「地球温暖化」という人類にとって深刻な課題である．これは「京都議定書」などを通して南北格差の国際政治，エネルギー資源の安全保障，などに絡んだもので，科学の役割が重く問われている．そこで地球の気候変動を大コンピュータでシミュレートする研究が要請されている．そのために，物理・化学過程を組み込んだコードの作成とそれをチェックするデータ集めが必要になる．後者は「古気象」への関心を生む．前者での課題は雲の消長じたいを追うことである．雲はアルベドを数 % オーダーで変えるから，地上まで来る太陽光を相当コントロールしている．ただし長期の変動には大気現象だけでなく，海洋，惑星間重力の摂動，太陽活動なども関与している．

　ところが，オゾン層のような成層構造でなく，地球からみれば小サイズの雲という立体構造体を組み入れたシミュレーションは計算メッシュ数を急激に増加させる．また短時間の天気予報と違って，「温暖化」といった超長時間の変動のためには，グローバルに解かねばならない．コンピュータの能力アップで克服できるこういう問題はまだいいとして，雲の消長の過程じた

いにも多くの課題が残されている．

たとえば，噴火や山火事などの突発現象，人間活動などに左右される多様なエアロゾルの発生・移動・落下といった要素の挙動を知ると同時に，それぞれのエアロゾルでの水滴への凝結という物理化学過程の問題がある．

………… イオン化と雲

19世紀末，J. J. トムソンがキャベンデイッシュ研究所の所長になったときに掲げたテーマが「気体中のイオン」であった．これはその前のファラデーによる電気分解の「溶液中のイオン」を意識したものであった．ここでの「気体」には放電管の気体と大気が含まれていた．彼のもとからは，前者の展開としてラザフォードによる放射線，加速器への途が開け，後者の展開としてウィルソンによる雷，地磁気，電離層，宇宙線などを含む大気電気学の研究が開かれた．

素粒子物理創生期の1930年代の物理学にとってウィルソンの霧箱は重要な素粒子検出器であった．過飽和水蒸気中を進む放射線の荷電粒子がイオン化していくと，それに沿って水滴が凝結し，飛跡が可視化されるのである．これは大気中で水蒸気が凝結し，雲として可視化されるのと同じ現象である．この2つの事実を並べられると，「イオン化が雲粒の凝結に役割を果していないのか？」「どの程度の大気がイオン化しているのか？」といった疑問を生む．

凝結のきっかけは表面張力のエネルギーをどう減らすかであった．いま水滴の表面の変化での圧力での仕事と表面張力での仕事を等しいとおけば $\sigma 8\pi R \mathrm{d}R_\mathrm{L} = 4\pi R^2 \mathrm{d}R_\mathrm{v} p_\mathrm{c}$．いっぽう，質量保存から $\rho_\mathrm{L} \mathrm{d}R_\mathrm{L} = \rho_\mathrm{v} \mathrm{d}R_\mathrm{v}$ だから，

$$p_{\mathrm{c}} = \frac{2\sigma}{R} \frac{\rho_{\mathrm{v}}}{\rho_{\mathrm{L}}} \qquad (4.30)$$

ここで ρ_{v} と ρ_{L} はおのおの蒸気密度と水密度である．

蒸気圧がこの圧力 p_{c} 以下なら水滴は蒸発してしまう．この条件をクリアするには 2 つの方策がある．ひとつは p_{c} が蒸気圧以下になるように大きな半径 R から始めることで，これがエアロゾルなどの微粒子である．もうひとつの効果，あるいは微粒子への凝結を促進する効果は，微粒子が電荷をもつことである．これは電場エネルギーが誘電体の中では ε^{-1} に減るために，電荷の周囲に水という誘電体がつくほうがエネルギーが低いので水滴を作りやすくなるからである．これは誘電体の電気歪み(electrostriction)を生むのと同じ効果である．

実際，エアロゾルの一部は帯電している．もちろん，微粒子の [電荷/質量] 比は原子イオンにくらべて極端に小さい電荷粒子である．そしてこれが大気のわずかな電気伝導のキャリアーになっている．大気はガラス程度のよい絶縁体であるが完全な絶縁体ではない．このため電離層と地面のあいだの漏洩電流を引き起こす．

電気的にみると，地球は地面と電離層という伝導性のいい 2 つの電極板のあいだに挟まれた空間に空気の詰まったコンデンサーのようなものである．ここに $100\,\mathrm{V/m}$ の電場がかかっており，電極板には $8.8\,\mathrm{C/m}^2$ の表面電荷がある．そして上の漏洩電流，$2\times10^{-12}\,\mathrm{A/m}^2$，でコンデンサーに蓄えられた電荷は約 7 分間でなくなってしまう，という計算になる．ところが実際には下向きの約 $100\,\mathrm{V/m}$ の電場がほぼ定常的に存在する．したがってこれを保つ起電作用が必要であり，雷はその作用をグローバルに担っている，と考えられている．

イオン化は太陽活動,銀河宇宙線,地殻の放射能,などで維持されている.そして巨大分子,微粒子の帯電はそれらの成長にも影響をもつ.イオン化はこのように雲の消長,エアロゾルの消長,などに影響をもっているが,その程度などはまだよくわかっていない.

終章
風景と人間

　筆者は宇宙物理を研究してきたが，専門のテーマは膨張宇宙やブラックホールである．一般相対論や素粒子物理との関連が強い研究であり，物理過程としては地球大気に共通する惑星大気，星間物質，天体の大気，といった分野ではない．

………空気シャワー
　ところが，膨張宇宙や素粒子と関係したテーマのひとつである「宇宙線の最高エネルギー」という課題に取り組むうちに，超高エネルギー宇宙線の観測にも関心をもつようになった．この「観測」とは大気中で 20 km ものサイズでおこる空気シャワーを検出することである．超高エネルギーの素粒子 1 個が大気中でマクロな現象を引き起こす．その検出は，空気シャワーという放射線の束によっておこる，窒素分子の蛍光やチェレンコフ光を観測することである．要するに大気中の瞬間発光現象という「大気現象」の観測なのである．大気中に出現するこの微かな「光の線」をどう「見るか」という課題を考えていく中で，地球大気の視環境や雷などの発光現象に興味をもつようになった．
　この本の動機はそこでの勉強の「成果」の一部を，大気の専

門家でない，物理屋向きに書いてみようと思ったことである．記述では物理の基礎との関連に重点を置いており，いろんな要素が複雑に絡み合った現実の説明に重点はおいていない．また大気に関する最近の専門研究のテーマに触れることも目的にはしていない．だから専門家からみたら20世紀前半までの古色蒼然とした内容にみえるかもしれない．また前記の「観測」への興味はあくまできっかけであって，その観測に必要な大気科学の情報を中心にこの本を構成したわけではない．視環境を決めている物理の基礎を中心に書いた．

…………「深い縦穴の底からは昼でも星が見えるか？」

　大気中の視環境を考えていくと，上のような疑問が必ず芽生えてくる．筆者にも「芽生えて」興奮したが，調べていくうちにこの「疑問」は洋の東西を問わず歴史的なものであることを知った．アリストテレス，古代中国，そして江戸時代にもあったようである．

　昼光の大部分は散乱光であって，いろいろな方向からやってくる．影が真っ暗でないことがこれを教える．長い筒を通して空を見て，入射する散乱光の方向を厳格に絞ってやれば入射する強度はどんどん小さくなる．するとちょうどその方向にある星がばっちりと昼でも見えるのではないかと考えられる．体験してみることを考えれば「長い筒」よりは現実味のある，深い穴の底から外を見るという設定が流行ったようである．あるいは，「オレは井戸の底から星を見た」と言い出す人がいたのかもしれない．

　「この問題の正解は？」という興味があろうが，あえてこれ以上論じるのはやめる．好奇心旺盛な人びとのあいだで語り継が

れてきたこの「疑問」が，大気や視環境の科学の専門家が登場すると巷から消えていくのは不思議なものである．

………… 視界の科学

　最近，書店にいくとよく「色彩検定試験」のポスターや受験参考書などをみる．そういうのをみると，現在，衣装，食品，工業製品の色彩，建築物（室内や道路）における照明，などなど，視界や視覚を扱う幅広い職業があることがわかる．それも，光の科学や技術だけでなく生理や心理，美術や工芸も絡んだ総合的なものである．

　これらが風景の問題と違うのは大きな空間を問題にしていない点である．大きな建築物の外観などは境界の課題といえる．大気と光の作用が重要になるのは数kmのサイズである．人工衛星によるリモートセンシングも大気の視環境を科学的に扱っている技術である．ただふつうは真下を見ているため「たて」の大気の厚さは限られている．風景で問題になるのは「よこ」の大気の厚さでありレンジにわたって変わる．さらに，「混ぜ物」で地域の地形，人々のくらし，季節などによって変化する．

………… 風景のCG

　最近，視界の科学として発展しているものにコンピュータ・グラフィックス（CG）の分野がある．影のつけ方，ヴァーチャルリアリテイー，風景の中の建築物，大きな風景の時刻による変動，などなど，のCGは多くの需要がある．製品デザイン，都市計画，映画作成，などのためのCG作成のある部分は物理過程のシミュレーションを実際におこなっている．CGの目的は現実感を出すことであって何も物理的に忠実に再現することでは

ない．たとえば，雲の CG などにはフラクタル構造の画像を確率的に構成しており，核形成や雲粒成長をシミュレーションするわけではない．だが，光の伝播，散乱，吸収などは物理過程を組み入れることが現実感を高める技法のようである．CG の現実感の追求と物理過程シミュレーションの関係は興味深い．

………… 風景と人の意識の起源

　意識生活の起源論には社会仮説と生態仮説の 2 つがある．生態仮説とは自然界との交流を含むもので，餌の採取などがそれにあたり，一般には社会仮説にも関係する．たとえば，美の起源の社会要素としては性衝動と生態要素としての環境の分類があるという．後者は食物の獲得や捕食者からの逃避などの安全のために必要である．こういう環境の分類法のひとつとして空間概念が育まれたものと思われる．そして，五感，運動，視覚などの関与の仕方の違いによって，サイズに応じて質の異なる等質ではない空間概念が形成されたと思われる．そして広い空間の観念には空や雲，山河や森，海や水辺，けものや鳥，草木や花々，などが織り成す風景が関与したものと思われる．心理学の観点で視覚と認知を考察していく場合にも，またその「起源」をたどる場合にも，われわれの先祖は野外生活者であったことを思い起こす必要があるだろう．社会的空間を超えた風景をたんなる背景と捉えるのではなく，そこに意味をつけていった過程はまさに文化の起源であったと考えられる．

………… 風景と風土

　原始人の意識は風景を見て形成されたといったが，実際には「風景」という概念が意識されたのは近世になってからである．

終章　風景と人間

　このことは絵画の歴史などをみると明確である．西洋近代，日本の江戸時代などにおいて初めて「風景」が他者として意識されたのである．それまでの人びとにとっては人間と自然が一体のものとなっていた．現在の未開社会の文化人類学者による調査がこのように主張している．

　無意識な風景の感覚はいつごろ芽生えたかは別にしても，芸術や学問に風景が自覚的に表象されてきたのはたしかに近代の到来と機を一にしている．フンボルト，ゲーテ，ダーウィン，内村鑑三などを絡めた「風景の文化史」については別の考察に譲るが，和辻哲郎の「風土——人間学的考察」などもこうした系譜に位置づけられよう．「風土」とは「ある土地の気候，気象，地質，地味，地形，景観などの総称である」が，たんなる自然環境ではなく，そこで生活した人間の精神構造に刻み込まれた自己了解の仕方である．現在のように土地と生活が切れた状況では想像しにくいが，移動可能性がひきおこした切断自体が近代の指標のひとつである．

　和辻は風土の3類型としてモンスーン・砂漠・牧場をあげて文化論を提起した．直観的な論法や第二次大戦下での国粋主義との共鳴などの多くの問題が指摘されてはいるが，その発想の自由さには感歎させられる．風土には気象や地味(農業による自然改造も含む)の要素が大きいが，遠景の鮮明さ，風景の変化の度合，なども重要な要素を構成していたと思われる．モンスーン型の日本の特徴は「変化の中の風景」である．

　序章で述べたように，近年，自然と人間の関係は，資源や環境問題として，エネルギーと物質循環の視点で主に論じられている．そこには大きな空間を認知可能にしている視環境と人間の視覚を組み込んだ，自然と人間の関係の考察があまりない．風

土はそのきっかけかもしれない.

………… エルンスト・マッハ

「感官生理学も,ゲーテやショペンハウエル等の採った方法,つまり,感覚そのものを研究しようといういきかたを次第に棄てて,今では殆んど例外なく物理学的性格を帯びるようになった.この転換は,しかし,物理学は,なるほど瞠目すべき発展を遂げたとはいえ,より広大な全体的知識の一部分をなすにすぎず,物理学の一面的な目的に適うように作られた一面的な知的手段を以ってしては,当の素材を汲みつくすことはできないということに鑑みるとき,必ずしも正鵠を得たものとは思えない.」

これは19世紀末頃のE.マッハの著書「感覚の分析」(巻末の「参考文献」[25])の冒頭の部分である.本書にも登場するフェヒナーはここで指摘されている感覚生理学に物理学の手法を導入して定量化を導入した先覚者である.彼の「精神物理学綱要」(1860年)は若きマッハにも大きな影響を与えた.マッハ自身も感覚生理,心理学の領域で現在にも残る研究業績を挙げている.しかしそうした実績をもとに物理学を謳歌するのではなく,その実践を通してこの文章のような学問論を提起しているのである.その基礎をなすのがいわゆる「マッハ哲学」であるが,「分子物理」を排除した「実績」のため,20世紀では不評をきわめた.

しかし,人間の感覚を中心に据える科学論は,伸びた枝の先に小枝を繋いでいく姿になった現代の科学の「進歩」なるものを原点から問い質す際の起点になるものである.風景の科学も美や崇高といった観念にも関連してくる可能性を視野に入れるなら,もう一度100年前のマッハの基点に戻ってみるべきかもしれない.

参考文献

この本への導入としてつぎの拙著を参考にしてほしい．
[1] 佐藤文隆：火星の夕焼けはなぜ青い，岩波書店，1999．

風景や身近な光学現象の数多くの実例について述べた本としてはつぎの本を勧める．ヨーロッパでは古典のようである．
[2] M. G. J. Minnaert：Light and Color in the Outdoors, Springer Verlag, 1998(1937年のオランダ語版以来改訂された第5版をL. Seymourによる英訳で1998年に出版したもの)．

空と雲のきれいな写真に気象的な説明をつけたつぎのような本がある．光と風景の話しは本来はこうした豊富な写真を見ながらするべきなのだと思う．本書といっしょに読むと実感が湧くと思う．
[3] 斉藤文一・武田康男：空の色と光の図鑑，草思社，1995．
[4] 平沼洋司・武田康男：空を見る，筑摩書房，2001．
[5] 田中達也：雲・空，山と渓谷社，2001．
[6] 高橋健司：雲の名前の手帖，ブティックムック No. 348，新日本企画，1998．

気象の教科書はものすごく多いが，エネルギーをキーワードに据えたものが多く，視環境を記述したものは少ない．本書の執筆にはつぎの本を参考にした．
[7] 柴田清孝：光の気象学，朝倉書店，1999．
[8] 水野量：雲と雨の気象学，朝倉書店，2000．
[9] P. V. Hobbs：Introduction to Atmospheric Chemistry, Cambridge Univ. Press, 2000.

あまり触れられなかった雷はエアロゾル,雲との関連でおもしろい.つぎの本が参考になる.

[10] 北川信一郎:雷と雷雲の科学,森北出版株式会社,2001.

光の一般的知識については

[11] 堀田智木:色彩検定――問題と解説,新星出版社,2001.
[12] 照明学会編:光をはかる,日本理工出版会,1996.

光の電磁波理論を解説したものとして,自分の学生時代のつぎの参考書に今回はずいぶんお世話になった.

[13] 石黒浩三:光学,共立全書,1953.

レイリー散乱については[13]と

[14] J. D. Jackson 著,西田稔訳:ジャクソン電磁気学(上,下),吉岡書店,1980.

ミー散乱については

[15] H. C. van de Hulst:Light Scattering by Small Particles, Dover, 1957, 1981.
[16] H. M. Nussenzveig and W. J. Wiscombe:Physical Review Letters, **45**, 1490(1980).

視覚の生理,心理学の本も多いが著者が参考にしたものだけを記しておく.まだ理論化できていないが,心理学のさまざまなおもしろい知見が[19]にくわしい.

[17] 池田光男:目はなにを見ているか,平凡社,1988.
[18] 村上元彦:どうしてものが見えるか,岩波新書,1995.
[19] 松田隆夫:視知覚,培風館,1995.

リモートセンシングについては

[20] 福田重雄:パソコンで楽しむアースウォッチ――ランドサットのデータ解析,NHK出版,1999.

雲や空の CG については最近展開が速いようである.つぎの

は物理との関連に触れている．

[21] T. Nishita, Y. Dobashi, E. Nakamae, Display of Clouds taking into account Multiple Anisotropic Scattering and Sky Light, Proc. of SIGGRAPH'96, 379, 1996.

この「終章」の冒頭に触れた「宇宙線の最高エネルギー」のトピックスについてはつぎの「特集」参照．

[22] 科学，Vol. **71**，2月号，「特集」最高エネルギー宇宙線をとらえる，岩波書店，2001．

風景論としては

[23] 和辻哲郎：風土――人間学的考察，岩波文庫 青144-2，岩波書店，1979．

[24] 内田芳明：風景の発見，朝日選書675，朝日新聞社，2001．

マッハの本は

[25] E. マッハ著，須藤吾之助・廣松渉訳：感覚の分析，法政大学出版局，1971．

索　引

英数字

CCN　　34
CG　　80, 87
TOA　　14

あ 行

アルベド　　15
イオン化　　82
閾値　　75
異常視程　　76
位相関数　　60
ウィルソン　　v, 82
ウェーバー–フェヒナーの法則
　　21, 24
エアロゾル　　3, 30, 32
エイトケン粒子　　32
温室効果　　16, 33

か 行

核形成　　34
影散乱　　59, 66
拡散成長過程　　37
過飽和状態　　34
雷　　42, 83
乾燥空気　　30
桿体　　7, 21
輝度　　11
キャンデラ　　12
吸収加熱　　17

凝結　　34
凝結凍結　　37
霧　　76
空気シャワー　　85
雲　　37, 80, 82, 88
クラウジウス–クラペイロン方程
　　式　　30
ゲーテ　　8, 89
ケルビン方程式　　34
降雨　　37
コヒーレント　　47
コンピュータ・グラフィックス
　　80, 87

さ 行

散乱振幅　　54
視覚　　12
識別可能距離　　75
視細胞　　7, 21
自然光　　77
湿潤空気　　30
視程　　75
終端速度　　40
縮尺光学厚さ　　67
昇華　　31
昇華凝結　　37
消散　　18
消散係数　　63
照度　　11
錐体　　7, 20

スカイグランド比　75
ストークスの法則　41
積乱雲　42
赤化　20
接触凍結　37
前後非対称係数　60
双極子散乱　54
層状雲　38

た 行

太陽定数　14
対流雲　38
多重散乱　9, 63
炭素の固定化　19
地球温暖化　16, 81
超高エネルギー宇宙線　85
チンダル現象　9, 51
電気双極子放射　44
電気歪み　83
透明度　17
トムソン, J. J.　v, 82

は 行

背景光輝度　74
光の輪　66
比視感度曲線　12
ファラデー　82
風景　88
風土　89
ブルースター角　80
プルキニエ現象　25
フレネル積分　48
併合過程　36

ヘニエ-グリンシュタイン位相関数　60
偏光　77
偏光サングラス　79
放射輸送問題　63
飽和蒸気圧　30

ま 行

マッハ　90
マッハ効果　25
ミー散乱　5, 56
網膜　20
もや　36
靄　76

や 行

溶液効果　35

ら 行

ラザフォード　v, 82
ラマン散乱　50
リモートセンシング　87
ルーメン　12
ルクス　11
レイノルズ数　41
レイリー　53
レイリー散乱　4, 7, 16, 43, 44, 77, 79
ローレンツ-ローレンスの公式　46

わ 行

和辻哲郎　89

■岩波オンデマンドブックス■

岩波講座 物理の世界　地球と宇宙の物理 1
光と風景の物理

2002 年 8 月 21 日　第 1 刷発行
2009 年 2 月 5 日　第 4 刷発行
2025 年 5 月 9 日　オンデマンド版発行

著　者　佐藤文隆（さとうふみたか）

発行者　坂本政謙

発行所　株式会社　岩波書店
　　　　〒 101-8002　東京都千代田区一ツ橋 2-5-5
　　　　電話案内　03-5210-4000
　　　　https://www.iwanami.co.jp/

印刷／製本・法令印刷

© Humitaka Sato 2025
ISBN 978-4-00-731565-7　Printed in Japan